JIANFENG

U0180844

GROUP

中华人民共和国成立 70 周年建筑装饰行业献礼

建峰装饰精品

中国建筑装饰协会 组织编写

建峰建设集团股份有限公司 编著

中国建筑工业出版社

建峰集团

中华人民共和国成立 70 周年建筑装饰行业献礼

JIANFENG GROUP

editorial board

丛书编委会

顾 问　马挺贵　中国建筑装饰协会 名誉会长

主 任　刘晓一　中国建筑装饰协会 会长

委 员　王本明　中国建筑装饰协会 总经济师

　　　　庄其铮　建峰建设集团股份有限公司 董事长

　　　　顾伟文　上海新丽装饰工程有限公司 董事长

　　　　吴 晞　北京清尚建筑装饰工程有限公司 董事长

　　　　叶德才　德才装饰股份有限公司 董事长

　　　　何 宁　北京弘高创意建筑设计股份有限公司 董事长

　　　　杨建强　东亚装饰股份有限公司 董事长

　　　　李介平　深圳瑞和建筑装饰股份有限公司 董事长

　　　　王汉林　金螳螂建筑装饰股份有限公司 董事长

　　　　赵纪峰　山东天元装饰工程有限公司 总经理

　　　　古少波　深圳市宝鹰建设集团股份有限公司 董事长

　　　　刘凯声　天津华惠安信装饰工程有限公司 董事长

　　　　陈 鹏　中建深圳装饰有限公司 董事长

　　　　孟建国　北京筑邦建筑装饰工程有限公司 董事长

　　　　王秀侠　北京侨信装饰工程有限公司 董事长

　　　　朱 斌　上海全筑建筑装饰集团股份有限公司 董事长

本书编委会

总指导	刘晓一
总审稿	王本明

主　编	庄其铮
副主编	庄大刚　孙长明　庄志达　庄俊京
	于　飞　李波涛　张　东　翟　文
	崔海超　杨　斌　卢　瑞　殷　勤
	马新亮　刘锁民

foreword

序一

中国建筑装饰协会名誉会长
马挺贵

伴随着改革开放的步伐，中国建筑装饰行业这一具有政治、经济、文化意义的传统行业焕发了青春，得到了蓬勃发展。建筑装饰行业已成为年产值数万亿元、吸纳劳动力 1600 多万人，并持续实现较高增长速度、在社会经济发展中发挥基础性作用的支柱型行业，成为名副其实的"资源永续、业态常青"的行业。

中国建筑装饰行业的发展，不仅有着坚实的社会思想、经济实力及技术发展的基础，更有行业从业者队伍的奋勇拼搏、敢于创新、精益求精的社会责任担当。建筑装饰行业的发展，不仅彰显了我国经济发展的辉煌，也是中华人民共和国成立 70 周年，尤其是改革开放 40 多年发展的一笔宝贵的财富，值得认真总结、大力弘扬，以便更好地激励行业不断迈向新的高度，为建设富强、美丽的中国再立新功。

本套丛书是由中国建筑装饰协会和中国建筑工业出版社合作，共同组织编撰的一套展现中华人民共和国成立 70 周年来，中国建筑装饰行业取得辉煌成就的专业科技类书籍。本套丛书系统总结了行业内优秀企业的工程施工技艺，这在行业中是第一次，也是行业内一件非常有意义的大事，是行业深入贯彻落实习近平社会主义新时期理论和创新发展战略，提高服务意识和能力的具体行动。

本套丛书集中展现了中华人民共和国成立 70 周年，尤其是改革开放 40 多年来，中国建筑装饰行业领军大企业的发展历程，具体展现了优秀企业在管理理念升华、技术创新发展与完善方面取得的具体成果。本套丛书的出版是对优秀企业和企业家的褒奖，也是对行业技术创新与发展的有力推动，对建设中国特色社会主义现代化强国有着重要的现实意义。

感谢中国建筑装饰协会秘书处和中国建筑工业出版社以及参编企业相关同志的辛勤劳动，并祝中国建筑装饰行业健康、可持续发展。

为了庆祝中华人民共和国成立 70 周年，中国建筑装饰协会和中国建筑工业出版社合作，于 2017 年 4 月决定出版一套以行业内优秀企业为主体的、展现我国建筑装饰成果的丛书，并作为协会的一项重要工作任务，派出了专人负责筹划、组织，以推动此项工作顺利进行。在出版社的强力支持下，经过参编企业和协会秘书处一年多的共同努力，该套丛书目前已经开始陆续出版发行了。

建筑装饰行业是一个与国民经济各部门紧密联系、与人民福祉密切相关、高度展现国家发展成就的基础行业，在国民经济与社会发展中发挥着极为重要的作用。中华人民共和国成立 70 周年，尤其是改革开放 40 多年来，我国建筑装饰行业在全体从业者的共同努力下，紧跟国家发展步伐，全面顺应国家发展战略，取得了辉煌成就。本丛书就是一套反映建筑装饰企业发展在管理、科技方面取得具体成果的一套书籍，不仅是对以往成果的总结，更有推动行业今后发展的战略意义。

党的十八大之后，我国经济发展进入新常态。在创新、协调、绿色、开放、共享的新发展理念指导下，我国经济已经进入供给侧结构性改革的新发展阶段。中国特色社会主义建设进入新时期后，为建筑装饰行业发展提供了新的机遇和空间，企业也面临着新的挑战，必须进行新探索。其中动能转换、模式创新、互联网＋、国际产能合作等建筑装饰企业发展的新思路、新举措，将成为推动企业发展的新动力。

党的十九大提出"人民日益增长的美好生活需要和不平衡不充分的发展之间的矛盾"是当前我国社会主要矛盾，这对建筑装饰行业与企业发展提出新的要求。人民对环境质量要求的不断提升，互联网、物联网等网络信息技术的普及应用，建筑技术、建筑形态、建筑材料的发展，推动工程项目管理转型升级、提质增效、培育和弘扬工匠精神等，都是当前建筑装饰企业极为关心的重大课题。

本套丛书以业内优秀企业建设的具体工程项目为载体，直接或间接地展现对行业、企业、项目管理、技术创新发展等方面的思考心得、行动方案和经验收获，对在决胜全面建成小康社会，实现两个一百年的奋斗目标中实现建筑装饰行业的健康、可持续发展，具有重要的学习与借鉴意义。

愿行业广大从业者能从本套丛书中汲取营养和能量，使本套丛书成为推动建筑装饰行业发展的助推器和润滑剂。

jianfeng group

"四高驱动" 推动建峰集团迈向新高度

建峰建设集团股份有限公司 1995 年在北京注册成立。公司领头人庄其铮及管理团队，由中国建筑装饰行业发祥地深圳北上首都，从参与 1990 年北京亚运会建设开始了在北京市场的开拓。经过近 30 年的发展，已经成为拥有建筑装修装饰工程专业承包一级、建筑幕墙工程专业承包一级、建筑机电安装工程专业承包一级、电子与智能化工程专业承包二级、钢结构工程专业承包二级、建筑工程施工总承包二级、建筑装饰工程设计专项甲级、建筑幕墙工程设计专项甲级的大型装饰企业，具有国家军工涉密业务咨询服务安全保密条件备案企业等资质条件，年产值 50 亿元。

军人出身的庄其铮，担任集团的董事会主席，是建峰建设集团的灵魂人物，他为企业发展进行战略谋划，始终认为"有品才有牌"。作为一家建筑装饰工程企业，工程的品质至关重要，要经得住品味，经得住时间的考验。建峰有自己的品格，建峰人从不轻易承诺，但有诺必达。设计的品位反映企业对美的定义，建峰集团以时代感、创新性、前瞻性为原则，坚持以人为本、原生态、高科技、多元化、本土化的基本理念，为社会营造环保、健康、安全的空间环境。以品质、品格、品位铸建建峰品牌，以"四高"驱动企业发展。

高起点创业、占领高端市场，是建峰发展的战略指导思想。和绝大多数白手起家的装饰公司不同，建峰集团是在北京装饰市场开拓了 6 年多时间，携带着汇宾大厦、亚运会运动员餐厅、北京人民大会堂万人厅装修改造等大型知名工程业绩、团队本身具有的资源优势开始的新征程。建峰把高端市场开拓作为企业的市场定位，通过一项项工程的成功实施，与北京的银行界、政府部门及一些大型企业建立了良好的合作关系，承建了全国妇联宾馆、北京饭店、北京天伦王朝饭店、西单国际大厦、中友百货等大型工程项目，实现了企业的成长和品牌的勃兴。

要服务于高端客户，必须要有一支高素质的队伍。建峰集团一进入装饰行业，就把打造一支"政治合格、军事过硬、作风优良、纪律严明、保障有力"的正规团队作为市场开拓的重要保障。在北京火车站大修改造工程中，施工面积超过 $40000m^2$，包括结构加固及中央大厅、20 多个候车大厅、贵宾厅的内部装饰等，而且是边运营边施工。建峰集团克服了旅客流量大、天气炎热、工期紧、材料存放和运输困难等一系列难题，最终提前 15 天完工并顺利通过验收，得到原铁道部建厂局和社会的高度评价，赢得了"铁军"的称号。

要开拓高端装饰市场，就要有社会使命感和责任担当的精神，有讲求质量不计得失的胸怀。建峰集团自成立之后，把不讨价、不还价、扎实做事作为商业信条，为客户着想，始终把质量挺在前面。在全国妇联宾馆施工过程中，中国妇联由于当时经费困难，未能按合同结款。

集团充分理解中国妇联的难处，垫资施工，确保在世界妇女大会召开前，工程按期高质量完工。这种为业主着想、以工程为重的责任心，打动了许多客户，树立了企业信誉，得到了广泛的赞誉，公司连续多年被评为资信"AAA"级企业。

高标准运作，强化企业内部管理，建设有建峰特色的企业管理体系，将高标准贯彻到管理的各个方面，是建峰发展的指导思想，也是企业持续发展的重要保障。建峰集团始终秉承"追求卓越，铸造品牌""做专做精，做长做久"的发展理念，坚持苦练内功，夯实企业管理机制，高标准、规范化整合各类社会资源，将为客户提供的服务提升到高端水平。20多年来，企业获得"中国土木工程詹天佑奖""全国建设工程鲁班奖""中国建筑工程装饰奖"等国家级奖项60多项，省市级优质工程奖100多项，体现了企业工程项目的高标准运作。

在企业管理中，公司推行"8S"管理模式，倡导整理（seiri）、整顿（seiton）、清扫（seiso）、清洁（seiketsu）、素养（shitsuke）、安全（safety）、节约（save）、学习（study）理念，创建学习型组织，提升企业文化素质，创造舒适的工作环境和安全的作业场所，激发了全体员工的工作热情，稳定了工程的质量水平，提高了现场的工作效率，增加了装备的使用寿命，塑造了良好的企业形象，为开拓高端装饰市场创造了组织条件。

在项目管理上，建峰集团工程管理中心全权负责项目的施工管理和监督，并制定了高于国家现行标准的企业标准——《建峰集团工程管理手册》，对工艺、检验、交接、绩效奖罚等都根据项目施工的特点进行了细致的规定，规范了工程项目实施的全过程。集团还利用信息化远程控制技术，对所有在建项目实施动态监控，对企业标准的贯彻实施进行不间断地把控，推行了项目的标准化管理，实施了精细化施工管理模式。

正是有了高标准的项目运作模式，建峰集团凭借强大的技术优势和丰富的实战经验，争取到大量急、难、险、巨的工程项目。中央社会主义学院装修工程工程量大，工期仅有50天，但公司认为该工程在北京地区具有"广告精品"工程的意义，按照公司项目管理标准，挑选最有经验的项目经理和技术人员组成项目部，由技术人员先期进场勘察测量，对照图纸认真核实，杜绝因设计变更导致的质量不合格现象；制定严格的施工流程图和详细的施工进度表，建立"日分析、三天一调整、周平衡"的进度控制制度；对每道完工的工序都进行认真验收，建立"偏差、调整、再偏差、再调整"的循环控制系统，短时间内打造出精品工程。

在国家将生态文明建设纳入五位一体发展战略之后，建筑装饰行业的转型升级、绿色发展推高了行业的技术标准和施工管理标准。建峰集团从更新设计理念、推动绿色设计入手，在传统的美学设计观念基础上引入生态元素，进行了探索实践，并取得成效。公司承接设计的重庆国际博览中心，是我国第一个依托地形、依山就势建设的会展中心，第一个具有大规模体量的低碳建筑会展中心，第一个大规模体量的仿生态会展中心，大幅度提升了我国会展中心的建设水平。

高品质驱动，做专做精、深耕专业、细分市场，推动企业稳健发展，是建峰集团发展坚持的思维逻辑。建峰在发展的道路上深刻领悟到：在激烈的市场竞争中保持领先地位，就要有意识地进行专业化经营。在透彻研究建筑装饰行业的每个细分市场的基础上，结合企业掌控的社会资源的类别、数量，以保持和发挥细分市场的专业优势的逻辑，坚持有所为、有所不为。致力于在文体场馆、商业空间和金融场所三个细分市场的深耕细作，谋划了"三足"鼎力的市场格局，支撑起企业发展的市场基础。

北京亚运会场馆建设是建峰集团在北京装饰市场爆发的舞台，也使企业与文体场馆建设结下了不解之缘。之后，建峰集团承接了该类工程数百项，获得各类奖项数十个。其中，安徽蚌埠城市中心广场会展中心工程、天津市文化中心工程、青海省海西蒙古族藏族自治州民族文化体育中心工程、辽宁盘锦体育中心工程等项目均荣获了中国建设工程鲁班奖。如今，建峰集团已经成为建筑装饰行业文体场馆装修类的知名施工企业。

在商业空间领域，建峰集团是最早进入这一细分市场的专业装饰企业之一。自 1990 年承建北京西单国际大厦赛特商场之后，就与业主建立了战略联盟，承建了济南赛特、泉州赛特及北京市宣武、国展、新奥三家天虹百货旗舰店等大型商业空间的设计与施工。承建的咸阳世贸中心、常州泰富百货、青岛海信国际购物中心、郑州宝龙城市广场、西安大悦城、新奥天虹商场、惠州华贸天地购物中心、沈阳新世界等项目，都成为当地最具影响力的商业设施。

在金融场所装修领域，据不完全统计，建峰集团已经完成该类大小装饰项目近 600 个，中国人民银行、中国银行、中国工商银行、国家开发银行、中国建设银行等国家银行都成为建峰服务的重点客户。徽商银行总部（合肥）办公楼等工程，体现了建峰在这一领域的专业化水平。正是专业化的设计、精湛的技术、文明的施工现场，得到金融业业主的高度认可，推动建峰集团在这一领域持续发展。

推动建筑装修装饰工程总承包，实现设计、施工一体化优质服务，是建峰集团创建精品工程的基本模式。从设计入手，以设计带动施工，使工程效果符合甚至超出业主的预期，就要组建一支专业化的设计团队。2010 年建峰集团成立了全资控股的"北京建峰集团装饰设计院"子公司，现有专业设计师近 600 人。下辖设计分院、所 21 个，在商场、酒店、文化博览、交通等领域拥有专业设计优势。2013 年，设计院外籍设计师研发中心正式成立，有来自英国、新西兰、韩国、日本、德国、新加坡、美国的 40 多位知名设计师，强化了建峰的设计品牌。

建峰集团高成长发展，打造全产业链模式，开拓国内、国际两个市场，推动企业持续发展。对企业来说，发展是硬道理。经过 20 多年的发展，建峰集团在全国及境外成立了 50 多家分支机构，将业务开拓到全国各地及境外，保证企业保持较高速度的发展。2012 年集团在澳门成立事业部，并成功承接了澳门大学装饰工程，此项工程顺利完工，并荣获 2012—2013 年度中国建设工程鲁班奖，为企业高成长发展积累了宝贵经验。

建峰集团目前下辖 6 个专业子公司，业务涵盖机电设备安装、幕墙工程、智能化工程、消防工程、古典园林工程及装饰设计等，实现了集团内部的精细化分工。为了完善上下游产业链，先后斥资建立了集团下属的木材、玻璃、石材等多个专业加工制造基地，完善了企业的工程配套能力，为装配式施工打下了坚实的基础。正是由于练好了内功，才形成了强大的设计和施工实力，保障了工程质量，为企业的快速发展奠定了坚实的物质基础。

近年来，为响应国家"一带一路"倡议，公司积极"走出去"，参与国际工程市场竞争，已经完成了柬埔寨太子西港酒店、柬埔寨太子现代广场、柬埔寨 JC 航空办公楼等工程，在工程所在地留下了美名，树立了样板。设计院外籍设计师研发中心承接了一批"一带一路"沿线国家的工程设计任务，随着项目的深入发展，公司"走出去"的基础将更加坚实，范围将进一步扩大，将为企业的高成长发展提供更广阔的市场空间。

通过"四高驱动"，企业持续保持了较高的增长速度，也收获了诸多荣誉。企业连续多年被评为"行业百强企业"并在排行榜前列，2008 年被评为"改革开放 30 年建筑装饰行业突出贡献企业""中国建筑装饰行业优秀企业""绿色贡献企业""社会公益贡献企业"等。董事会主席庄其铮被评为"改革开放 30 年建筑装饰行业发展突出贡献企业家""建国 60 年百名行业功勋人物""全国建筑装饰行业杰出成就企业家""建筑装饰行业领军人物"等。

展望未来，我国已经进入建设中国特色社会主义现代化强国的新的历史时期，中国人民开始了从"富起来"走向"强起来"的新征程。建峰集团将继续秉承"高起点、高标准、高品质、高成长"的发展战略，高水平地开拓好国内、国际两个市场，并以全球知名工程承包商为目标，布局全面发展。我们深信，只要我们不忘初心、牢记使命、勇于创新、保持战略定力，经过建峰人的艰苦奋斗，目标就一定能够实现。

contents

目录

anfeng group

建峰 装饰精品

建峰 装饰精品

北京新机场旅客航站楼、综合换乘中心、停车楼及综合服务楼装修工程

项目地点

永定河北岸，北京市大兴区榆垡镇、礼贤镇和河北省廊坊市广阳区之间

工程规模

80000m²（幕墙面积）

建设单位

北京新机场建设指挥部

设计单位

北京市建筑设计研究院有限公司、法国巴黎机场集团建筑设计公司和扎哈·哈迪德建筑事务所

开竣工时间

2018 年 6 月 30 日—2019 年 6 月 30 日

获奖情况

长城杯金奖、中国钢结构金奖年度工程杰出大奖、绿色建筑三星级认证、节能建筑 AAA 级认证

社会评价及使用效果

北京新机场即北京大兴国际机场，被称为"新世界七大奇迹"之首载誉世界，是目前全球最大的单体航站楼和超大型国际航空综合交通枢纽，总投资 800 亿元，总占地约 27.3km²，航站楼主体 1.03km²，下穿高铁，上落飞机。设计扩建能力为每年运送 1 亿旅客和 400 万吨货物。航站楼周围有高速公路环绕，具有强大的区域综合交通辐射能力。建峰建设集团股份有限公司承袭新机场建设项目科技、绿色、节能环保的理念，承建区域交付至今装饰面维护如新，建峰速度、建峰质量、建峰人勇于担当的责任意识，受到机场建设指挥部的表扬和肯定

俯视效果图

远观效果图

屋顶绿化（远观）

楼顶细部

屋顶绿化（细部）

施工中的停车楼

设计特点

北京新机场航站楼的造型如凤凰展翅，寓意"凤凰，见则天下安宁"。航站楼采用双层出发，双层到达设计，造型独特，外立面庄重、飘逸、挺拔、典雅，整个建筑流露出强烈的时代气息，建筑外装饰设计极力表现航站楼的文化内涵，使建筑物与周围的自然环境、人文环境形成一个有机的整体，"造型、功能与人"和谐统一的设计思想充分体现在建筑上。机场建筑的独特造型及其深远的社会影响力，赋予了新机场长久的魅力。新机场的一大亮点是节能，是目前国内最高级别的绿色节能航站楼，雨污分离率、垃圾无害化处理率等达到100%。新机场是我国第一座从标准、设计、施工到投入运营全过程贯穿绿色理念的机场。

新机场从传统的中国建筑理念中汲取灵感，呈放射状设计，将所有旅客引导至航站楼中心的多层公共空间，飞机停靠处和旅客进出通道从航站楼的中央经放射状的五座指廊向四周放射，将值机柜台与登机口之间的距离缩至最短。屋盖钢结构采用空间网架结构体系，球形节点和杆件组成的巨大屋顶被设计成一个自由曲面，每一个杆件和球形节点的连接都由三维坐标锁定在唯一的位置。

停车楼外装饰是展现建峰集团设计和施工实力的重点工程，在深化设计过程中充分融合了我们对设计的理解，从外视效果到立面风格，从原材料的选择到结构设计和施工方案的论证及节点优化，均进行了周密的考虑，最终的装饰效果符合业主的要求，完美地表达了建筑师的设计思想。

综合服务楼幕墙

幕墙细部 1

幕墙细部 2

空间介绍

综合服务楼幕墙

空间简介

北京新机场旅客航站楼、综合换乘中心、停车楼及综合服务楼工程，将玻璃幕墙、石材幕墙和铝单板幕墙相结合，突出建筑物整洁、庄严、大气的外观，整体建筑协调统一、造型别致，从内到外流露出新鲜感和创造力。流动的抛物曲线形的钢结构，提升了建筑的动感，在综合服务楼的拱形屋顶下汇聚并延伸至地面，组成支撑系统，同时引入自然光，整齐排列的铝网根据屋面曲面变化而有不同角度，不仅可避免强烈日照，还能满足综合服务楼自然采光需求。

主要材料：铝合金型材立柱、双银 Low-E 钢化中空玻璃（6Low-E+12A+6，全超白）、钢化夹胶玻璃（12+2.28PVB+12，全超白）、双银 Low-E 钢化中空夹层玻璃（6+12A+6+1.52PVB+6，全超白）、双银 Low-E 钢化中空玻璃（6Low-E+12A+6，全超白）、铝包钢立柱、双银 Low-E 钢化中空玻璃（10Low-E+12A+8C，全超白）、38mm 直径单向拉索、双银 Low-E 钢化双夹层中空玻璃 [(10+2.28PVB+10)+16A+（8+1.52PVB+8），全超白]、钢方管（80mm×80mm×4mm）、全超白双银中空钢化 Low-E 夹层玻璃 [10+16A+（8+1.52PVB+8），全超白]、钢方管（200mm×100mm×8mm、80mm×80mm×4mm）、铝方管（80mm×50mm×2mm）、中空钢化双银玻璃（10+12A+10，超白）、钢方管（120mm×60mm×5mm）、角钢（L63mm×5mm）、石材（30mm）等。

工程难点、重点及创新点分析

工程体量大，航站办公楼及酒店双层玻璃幕墙面积达 31200m²，占总工程量的一半。施工脚手架的调整配合复杂，专业程度要求高。龙骨及面板材料的二次运输以及工序之间的密切配合，都是以往不曾涉及的施工组织管理内容。

玻璃幕墙为拉索式菱形夹具幕墙系统，主支撑结构采用竖向 ϕ38 拉索，竖向索系是柔性的张拉结构，通过施加适当的预应力赋予其一定的形状，形成承受外荷的结构。这种索系，要分别锚固在稳固的锚定结构（支承框架、地锚、水平基础梁等）上，才可以对体系施加预应力，对索系进行张拉，使索系绷紧，使索内保持足够的预应力后产生可承受外荷的刚度。竖向单拉索式菱形夹具幕墙系统目前在国内并不多见，在幕墙技术上具有一定的先进性，施工技术有一定的难度。

采光顶与内侧双侧幕墙交接位置设置 20cm 厚排水天沟（下部设融雪系统），沿轴线两侧设置自动排烟窗，玻璃下部设置百叶实现遮阳。采光顶从南到北贯穿整个综合楼，大部分为透光部位，由中空夹胶玻璃和固定式遮阳百叶组成，面积约 8100m²。工程量和施工位置以及涉及的产品类型、性能要求和技术难度，都是必须认真把握的重点。

工程平面、立面几何形状比较规则，视觉冲击感强烈，测量放线的精准度直接影响后期面板的安装和收口板块尺寸的确定，同时也影响着现场的施工进度。因此测量放线也是工程施工重点把控内容之一。

应对措施

工程幕墙面积大于 60000m²，材料涉及双钢化夹胶中空玻璃、采光顶钢化夹胶中空玻璃、百叶窗、电动开启窗、石材以及钢龙骨、不锈钢拉索等多个品种，为了顺利组织这么多材料的加工、运输、堆放、吊装等工作，采取了清单管理制度。

工程外沿玻璃幕墙约 20000m²，而且大部分为双层玻璃幕墙，需要搭设三排脚手架施工，且要随着施工进度及时拆除内排脚手架。内庭顶部的采光顶面积不小于 8000m²，施工时需要搭设满堂架保护。脚手架的配合预案更精细，现场处置更清晰。

按照施工图纸的技术要求，结合现场施工平面布置的实际情况，编制切实可行的施工计划书，理清施工顺序及各工序的技术要求，理清各工序施工需要的配合条件，明确各工序完成时间。

按照计划书，编制双层幕墙脚手架搭设进度计划，以及配合施工的拆除及调整计划，保证施工面的操作平台及时、可靠跟进。

按照计划书，编制材料进场计划，结合工序施工进度，保证施工材料及时到位。重点落实材料加工能力及交货周期、运输条件及专用运输型架、场内存放条件、垂直运输设备及层间运输方式等。

按照计划书，编制劳动力投入计划，保证各工序施工进度并形成流水作业，顺利完成工序间的交接。

按照计划书，结合工序施工要求，编制大型机械进出场计划，保证施工空间合理布局，协调好使用时间和退场计划、线路等。

严把材料关，按照相关技术要求，对材料采购过程进行全程质量监督，对各种材料的化学成分、物理性能、原材料供应、加工过程、运输方式、存放条件、吊装方法、安装方法、加载过程、成品保护等进行全程监督、全程记录、全程管理，保证材料高品质受控。

采用全站仪复核现场实际点位相互之间的几何关系，搞清楚点、线之间的关系及相互间的几何尺寸，通过点与线的精度来保证测量放线的精度。

首层幕墙施工工艺

首层幕墙采用窗系统，窗为断桥隔热铝合金型材，外部设置铝合金横向装饰格栅（250mm×80mm），立面格栅采用小单元形式进行设计，板块式加工和安装，表面采用氟碳喷涂处理。开启扇为内开内倒方式。窗间混凝土柱用铝板幕墙包裹。格栅上部为铝单板吊顶。

窗 洞 口 复 查	对于洞口误差超过构造可调量的，及时采取剔凿、补填等修补措施。
窗 钢 副 框 安 装	钢副框安装前，根据放线结果，依次在土建洞口中弹出标高、水平、进出三向控制墨线。窗钢副框依照定位墨线，通过连接钢件与预埋件连接安装。复查调直调平并验收后，通知土建完成副框内外侧抹灰收口。
铝 板 吊 顶 龙 骨、圆 柱 收 口 铝 板 龙 骨、窗收口铝板龙骨安装	铝板龙骨采用热镀锌钢型材，龙骨安装方式全部采用焊接方式，依照放线结果，先竖后横点焊定位铝板龙骨。
立 面 格 栅 立 柱 安 装	立面格栅立柱通过不锈钢螺栓与钢连接件连接，钢连接件与预埋件通过焊接连接安装，先通过点焊定位调整，再进行下一步工序。转接钢件、钢龙骨调整定位无误后，进行满焊操作，焊脚高度、焊缝长度达到设计图纸要求。满焊完成后，敲去焊渣，进行焊缝表观检查验收，验收通过后，对所有焊接处刷防锈漆两道，进行补充防腐处理。

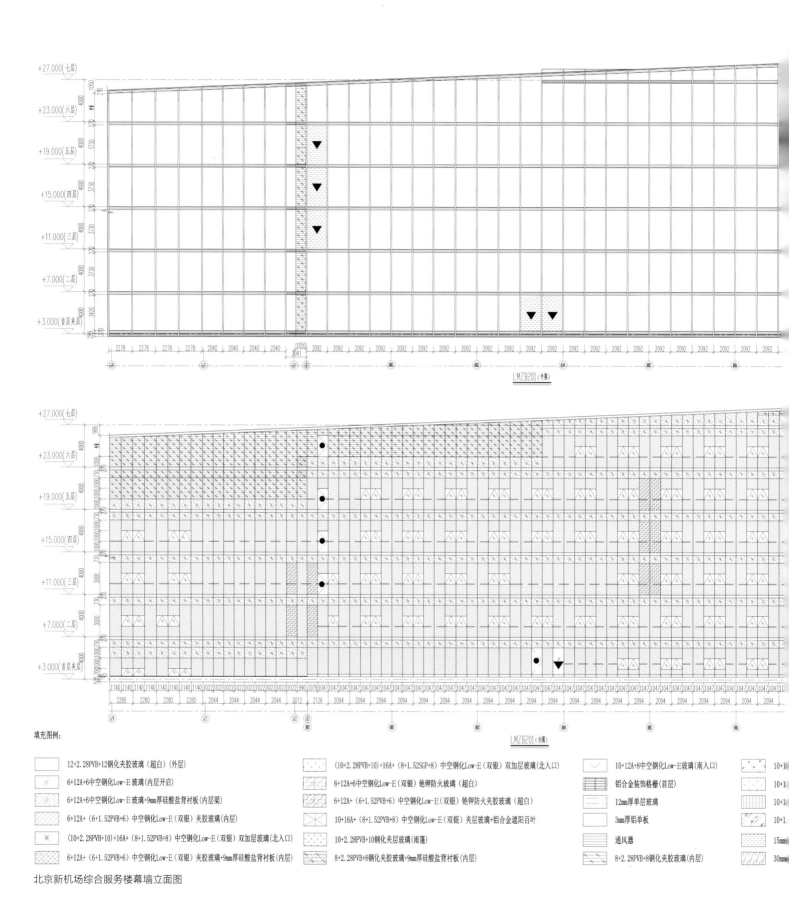

填充图例:

	12+2.28PVB+12钢化夹胶玻璃（超白）（外层）	(10+2.28PVB+10)+16A+(8+1.52SGP+8)中空钢化Low-E（双银）双加层玻璃（北入口）	10+12A+8中空钢化Low-E玻璃（南入口）	10+
	6+12A+6中空钢化Low-E玻璃（内层开启）	6+12A+6中空钢化Low-E（双银）铯钾防火玻璃（超白）	铝合金装饰格栅（首层）	10+
	6+12A+6中空钢化Low-E玻璃+9mm厚硅酸盐背衬板(内层梁)	6+12A+(6+1.52PVB+6)中空钢化Low-E（双银）铯钾防火夹胶玻璃（超白）	12mm厚单层玻璃	10+
	6+12A+(6+1.52PVB+6)中空钢化Low-E（双银）夹胶玻璃(内层)	10+16A+(8+1.52PVB+8)中空钢化Low-E（双银）夹胶玻璃+铝合金遮阳百叶	3mm厚铝单板	10+
	(10+2.28PVB+10)+16A+(8+1.52PVB+8)中空钢化Low-E（双银）双加层玻璃（北入口）	10+2.28PVB+10钢化夹层玻璃（雨篷）	通风器	15m
	6+12A+(6+1.52PVB+6)中空钢化Low-E（双银）夹胶玻璃+9mm厚硅酸盐背衬板(内层)	8+2.28PVB+8钢化夹胶玻璃+9mm厚硅酸盐背衬板(内层)	8+2.28PVB+8钢化夹胶玻璃(内层)	30m

北京新机场综合服务楼幕墙立面图

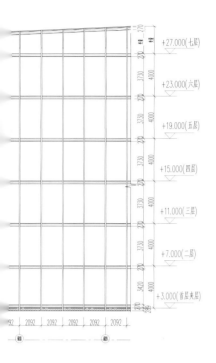

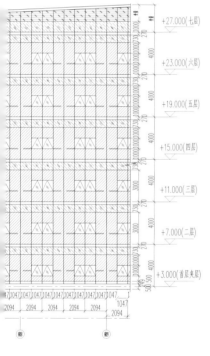

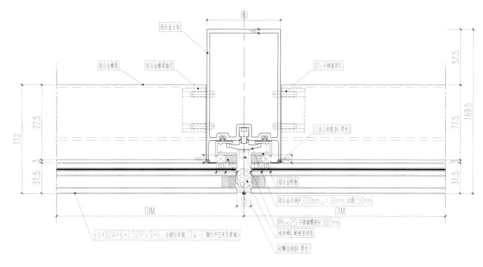

新机场综合服务楼呼吸式幕墙节点

窗断桥铝合金主框安装　窗断桥铝合金主框采用不锈钢自攻钉与钢副框连接，主框与钢副框之间设置橡胶垫片，防止电化学反应腐蚀铝型材。固定用自攻钉的间距数量须满足图纸要求。

窗 固 定 玻 璃 安 装　每块固定玻璃下部设置两块硬质橡胶垫块，保证玻璃与铝材不发生硬接触。本工程窗固定玻璃采用双侧三元乙丙胶条固定方式，外侧胶条先行置入，玻璃靠紧并完成左右上下位置调整后，再放置内侧胶条完成固定。

铝 单 板 安 装　铝板安装采用常见的角码用自攻钉固定的连接方式。铝合金角码与钢龙骨之间应垫橡胶垫，不但可以起到防止电化学反应的作用，还可以通过调节橡胶垫厚度，进一步消除钢龙骨安装误差。

内 层 打 胶 封 闭　由于外层安装完毕后，内层就很难再进行操作，所以在外侧格栅安装前必须完成内层的清理打胶工作。首先进行内侧各部位的清理工作，确保无标签、包装纸等杂物，且表面干燥无灰尘后，才可进行打胶工作。

外 层 格 栅 安 装　外层格栅采用单元板块安装方式，为确保加工精度，格栅单元均在车间内加工完毕后拉至现场。现场仅需通过不锈钢自攻钉将其连接在已安装的立柱之上，自攻钉数量、间距须满足图纸要求。装饰格栅安装位置调整完成后，安装格栅竖向装饰，扣盖完成封闭。本窗型采用平开内倒开启方式，安装中应对两种开启方式均进行测试，保证开启顺畅无误。

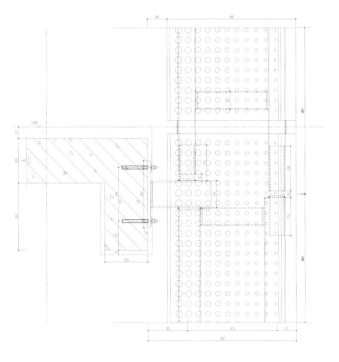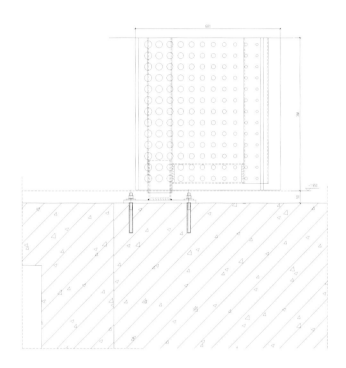

铝格栅安装详图

停车楼

空间简介

停车楼位于航站楼南端、综合服务楼的东西两侧，地下 1 层，地上 3 层，设计停车位 4200 个。除了停车区域，停车楼内还有 10000m² 左右的便民服务区，配套提供零售、餐饮以及洗车保养等汽车服务。内部设计明亮，除了智能、绿色环保外，还有舒适的体验，走在停车楼里如同逛商场一般。

停车楼上覆绿化平台。配套停车库除满足最大停车数量的要求，还注重提升停车场的使用品质，在半地下的建筑中，优化通风效果，解决停车库通常通风与采光不佳的状况，通过局部开放的天井及种植的绿色植物提升空气质量。

自动泊车机器人按停车时间长短指挥分区泊车。地下一层为长停车区域，地上一到三层为临时停车区。从地下一层和地上 3 层的连廊可以直接步入候机厅，地下二层实现与高铁、高速路、城际铁路、地铁的换乘接驳。

技术难点、重点及创新点分析

项目的施工内容很多且比较复杂，专业面广，接口多，包括地基基础、检修坑、修理平台、主体梁柱板

停车楼外观

停车楼天井

停车楼内部 1

停车楼内部 2

停车楼设施 1

停车楼设施 2

与维修车间、污水处理房屋构造与室外构筑物、站场道路以及排水工程等。专业之间存在交叉施工，必须保证内外的协调性，所以必须对施工的总体部署安排工作进行全面考虑。

停车场的面积非常大，场地内的功能建筑很多，且较为分散，临时性道路与临时性设施的布置必须统一进行考虑。因为工期比较紧张，资源的投入较大，工程材料要集中入场，对于工厂的加工要求较高，所以场地比较紧张。在施工过程中，需要加强施工计划组织，强化资源入场数量与时间的综合性管理；要加强各专业间接口配合与协调，强化场地的管理规划工作，要有效地处理施工中存在的矛盾干扰问题，减轻由于场地紧张而对施工产生的影响，保证工程项目顺利进行。

施工总体方案和施工顺序

工程施工顺序

施工准备→测量放线→土方工程→给排水工程→电气工程→园建工程→绿化工程→清理交工

其中需穿插进行的为土方工程、给排水工程、园建工程、电气工程施工。

给水工程施工顺序：测量放线→沟槽开挖→管线敷设→补水栓安装→管道试压→回填压实→下道工序

绿化工程施工顺序：测量放线→挖树穴→种植乔木→种植灌木→种植地被植物→养护

土方工程

作业条件

土方开挖前，将开挖区域内的地下、地上障碍物清除和处理完毕。将地表面清理平整，做好排水坡向，在施工区域内挖临时性排水沟。必须先检查给水管的标准轴线桩、定位控制桩、标准水平桩及开挖灰线尺寸，并办完预检手续，在施工中要随时核对。根据有关图纸和水文地质资料，制定好工程施工作业方案。施工前应修好机械运行道路，并开辟适当的工作面，以利于施工。机械施工前，应对施工作业人员作好施工方案及有关的技术交底工作。施工机械在工作前，必须进行例行的安全、性能检查，保证完好。

操作工艺

人工开挖管沟，适当采用 1 ：0.3 的坡度。对于靠近通信电缆或自来水管的管沟，应加支撑，以保护电信和供水设施。堆置土方和材料，或沿挖方边缘移动运输工具和机械，一般距离管沟上部边缘应不少于 1m，弃土堆置高度不应超过 1.5m。

质量标准

保证项目

基坑和沟槽基底的土质必须符合设计要求，并严禁扰动；如发生超挖，严禁用土回填。基底不得水泡，基底的淤泥必须清除干净，其他不符合设计要求的杂物与

停车楼电梯区域

停车楼中厅

旧桩必须处理。施工时应保证边坡稳定,防止塌方。土方开挖时,应防止邻近已有建筑物或构筑物、道路、管线等下沉变形。必要时应与设计单位或建设单位协商采取防护措施,并在施工中进行沉降和位移观测。

应注意的质量问题

开挖管沟不得超过基底标高,如个别地方超挖时,禁止用土回填,其处理方法应取得设计单位和建设单位的同意。管沟开挖时,应尽量减少对基土的扰动。如基础不能及时施工,则基底以上 30cm 的预留土层可先不挖,待需作基础时再挖除。

施工顺序合理

土方开挖,分层分段依次进行,形成一定的坡度,以利于排水。管沟底部的开挖宽度,除结构宽度外,应根据施工需要增加工作面宽度,如排水设施、支撑结构等所需的宽度。

安全注意事项

开挖前,应根据设计图纸地质资料,做好勘查工作,并针对现场具体情况,拟定安全技术措施,施工前向有关操作人员进行安全交底。工程需用材料堆放应离坑边 2m 以上,沟槽两边应设置临时排水沟。

北京康莱德酒店精装修工程

项目地点

北京市东三环中路北路 29 号

工程规模

装修面积 5700m²，装修工程造价 2469.164 万元

建设单位

北京康拉德房地产开发有限公司

装饰设计单位

新加坡 LTW 室内设计公司、日本 SPIN 设计师事务所（室内设计），深圳唐彩装饰设计工程有限公司（施工图深化设计）

开竣工时间

2011 年 05 月—2012 年 10 月

获奖情况

2013 年度北京市长城杯金奖、2013 年度北京市建筑装饰优质工程奖、2014 年度中国建筑工程装饰奖

社会评价及使用效果

北京康莱德酒店的定位为白金五星级城市商务酒店，地理位置优越，东南面向的团结湖公园，视野开阔，风景迷人；处于 CBD 核心商圈，周围紧邻新光天地、燕莎中心、使馆区、三里屯酒吧街，位置得天独厚，交通便捷，周边生活设施丰富

酒店外景

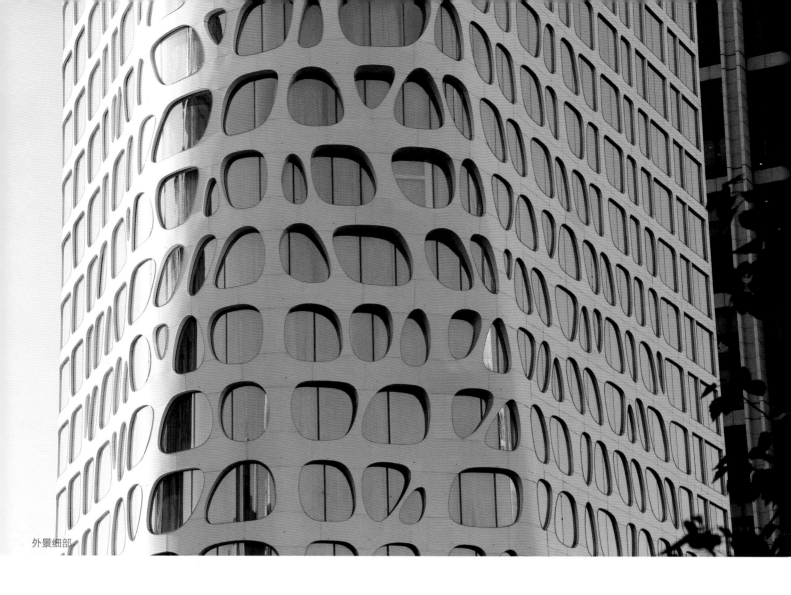

外景细部

康莱德酒店是希尔顿集团旗下酒店，以希尔顿创始人康莱德·希尔顿（Conrad Hilton）的名字命名，也是希尔顿放手世界的又一品牌标志，目前在全球仅有 20 家。作为希尔顿酒店集团旗下最高级别的超豪华酒店，康莱德酒店不仅是希尔顿集团的集大成者，更是世界上最奢华酒店的代名词。康莱德酒店的核心理念是向高品位人士提供独特的体验，打造高品位人士首选的奢华酒店，创造极致高级别的超豪华酒店，致力于为客人提供极具特色的顶级设施与服务。酒店内装潢时尚雅致，拥有各式宽敞、现代的客房，可为有品位、时尚、见多识广、拥有丰富旅行经验的客人带来独特的生活灵感。酒店同时配套多个特色餐厅、酒吧、巧克力精品店、国际一流的健身设施、水疗服务和室内游泳池等。

北京康莱德酒店用地 7779.452m²，建筑面积 56994m²，其中地上约 35000m²，地下 20237m²，塔楼地上 25 层，地下 4 层，裙房 4 层，最大建筑高度 100m。酒店拥有 276 间标准客房，16 套行政套房和 1 套总统套房以及顶层行政酒廊（共有 293 个钥匙间，折合 302 个标准间）。地下一层主要布置机房、厨房、后勤及 SPA 服务设施，地下二层主要布置机房、后勤办公及游泳池、健身配套服务设施，地下三、四层主要为停车库。地上包括 4 层裙房及 25 层的塔楼，首层设置酒店入口大堂、大堂吧、前台及接待、全日餐厅、中餐厅及包间和宴会厅，二层设置中餐厅包间、风味餐厅及酒吧，三层设置大宴会厅、小宴会厅、商务中心和会议室，四层裙房设置为屋顶酒吧、大型屋顶花园，塔楼部分四层至二十三层为酒店的客房部分，二十四层布置为标准客房及总统套房，二十五层设置为标准客房及行政酒廊。

设计特点

酒店室内装饰设计涉及客房、公共区、餐饮区三类空间，设计定位为中式现代奢华风。装饰精益求精，刻意渲染迷人的景观、宽敞的房间、高质量的服务，强调更新鲜的情调、更绚丽的氛围、更奢华的享受，突出展现北京这一东方国际大都市给世界顶级奢华酒店赋予的特殊魅力。酒店建筑的外立面，采用玻璃幕墙及外挂装饰铝板，力图创造一种细致的、柔软的、富有手工制作感的建筑肌理，通过不平衡的倾斜的形体、三维骨节状的神经元肌理，创造出一个富有个性的、属于未来的建筑形式，外观形象十分独特。设计着力彰显时尚前卫元素，豪华与简约并举，强调功能性与实用性的完美统一，用材大胆考究。建筑外围和窗户的造型灵感源于女性渔网丝袜，诠释了建筑的生命力，增加了整个建筑装饰效果的律动感和灵秀气息。

设计借景团结湖公园迷人的人文景观，加之独特的情调、绚丽的氛围，奢华之致，尊贵尽享，彰显北京这家世界顶级奢华酒店的非凡魅力。屋顶酒吧以现代的设计手法碰撞复古之风，营造出奢华的艺术

入口大堂

会议室

餐厅

客房走廊

氛围；酒店入口以钛金金属板做出波浪造型，上面镶嵌施华洛世奇水晶；VIP 包间区以透光地面和强烈风格化的复古造型，营造了绚丽优雅的个性天地。选材充分满足环保要求，重点部位选用钛金波浪板和亚克力透光柱等新型材料。

功能空间介绍

行政套房

空间简介

套房位于酒店二十五层，共计 7 套，套内空间设置了会客区、办公区、就寝区、水吧和卫生空间等。行政套房可以满足高端商务人群活动的需要，又不失旅游度假休闲的惬意，站在套内凭窗远眺，团结湖公园的湖水和绿色尽收眼底，加之与中央电视台新址和中国尊等著名建筑呼应成趣，更显得此地珍贵，印记弥久常新。

行政套房

行政套房内装饰为桃花粉色墙面硬包、白色顶棚和浅驼色地毯，整体环境色彩协调统一，其间仿若月夜昙花，唯美得令人心醉，桃花粉色墙面硬包搭配金色枝蔓纹路，在银灰色窗帘的衬托下尽显现代人文艺术感。套房内为石膏板乳胶漆造型吊顶，卫生空间推拉门场外加工现场安装，设计简约而时尚。

地面防滑地砖（石材）铺装工艺

施工部位

防滑地砖主要用于卫生间的地面。

客房

施工准备

材　　料　根据设计和质量要求确定施工用砖，施工所用材料符合设计、质量要求。采用325号普通水泥和含泥量不大于 3% 的中砂。

主要施工机具　瓷砖切割机 1 台、卷尺 1 把、水平尺 1 根、2000mm 铝靠尺 1 根、墨斗 1 个、50 米尼龙线 1 根、灰刀 2 把、胡桃钳 1 把、抹布若干块、4m 水平管 1 根、Φ80 橡皮锤 2 把、钢斧 1 把。

现场管理　搬运材料进入施工现场，按指定区域及安全高度码放整齐，并设置明显标志以示他人远离地面砖堆放场地，非施工人员不得动用。

客房会客厅

套内洗手间

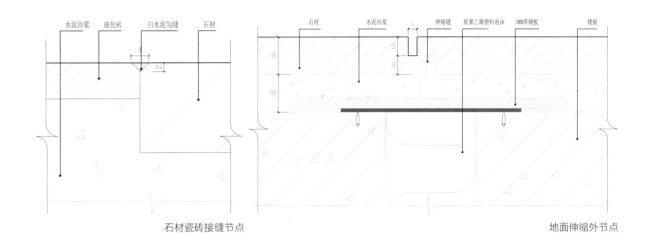

石材瓷砖接缝节点　　　　　　　　　　　　　地面伸缩外节点

作业条件

主体结构（楼地面）检查合格，地面防水层、保护层垫层等施工完毕后，进行一次蓄水试验，须合格。水电管线安装完毕，管洞堵好。作业环境温度不低于 5℃。

施工工艺流程

基层清理→弹线→选砖预排→铺设施工→养护→勾缝清理→验收

操作工艺过程

基层清理　在基层找平之前，基层表面残留的木屑、混凝土块及其他一些有碍铺设质量的杂质必须清理干净。清理过程中要注意保护有防水层的楼地面。

基层找平　根据地面的设计标准，使用 1：2.5 干硬性水泥砂浆找平。有地漏的房间应注意放排水坡。找平前要做基准点，按找出的基准点拉水平线进行铺设。

放线预排　按照设计审定的施工图纸放线，进行预排。在地面放出中心十字线，弹出控制线。预排必须按设计要求进行，无设计规定的，整砖由门边向内两侧或由中心向四边进行。把收边砖留在不明显的部位。

铺设施工　铺设前将预选出的砖在水中浸泡，再取出后晾干待用。使用 1：3 水泥砂浆，砂浆铺设以一次铺贴 3 ~ 4 块地砖为宜，砂浆铺设厚度 10 ~ 15mm，使用橡皮锤敲击使其密实平整。砖与砖之间应留有 1 ~ 3mm 缝隙，不宜超过 3mm。为了控制砖缝的间隙，使用外购塑料十字花控制。平整度每完成一排或一个面使用铝靠尺找平，或在基准点拉线控制。卫生间铺贴地面高度，室内要求低于室外 10 ~ 20mm。

勾缝清洁 48h 后使用白色或与地砖同色的 1 : 1 水泥砂浆勾缝，勾缝必须密实饱满。

成品保护 将地砖表面清扫干净，加以保护，在地砖表面用硬纸壳或塑料布满铺，进行成品保护并设立醒目标示（"地砖施工完毕请注意成品保护"）。

验　　收 按国家标准进行验收，表面平整度用 2m 靠尺和楔形塞尺检查，允许偏差小于等于 2mm；阴阳角方正用 200mm 阴阳角尺检查，允许偏差小于等于 2mm；接缝平直度拉 5m 线检查，不足 5m 拉通线用钢尺检查，允许偏差小于等于 2mm；接缝高低差用直尺和塞尺检查，允许偏差小于等于 0.5mm；接缝宽度用钢尺检查，允许偏差正负 1mm。以上各项验收检查数量不应少于 5 处。所用地砖必须符合设计要求，地砖不得有歪斜、翘曲、缺楞掉角裂缝等缺点。地砖表面敲击不得有空鼓。砖表面不得有变色、起碱、污点、流浆、流痕以及光泽受损。管线突出部位与地砖相接处要套割吻合。卫生间地面工程施工完毕后，进行二次蓄水试验并合格。

常见质量问题分析及预防

空鼓原因：基层处理不当，砂浆拌和不均匀，砂浆厚度不均匀，嵌缝不密实。

接缝不平直，面层不平整：选砖把关不严；没有分格、弹线，试排偏差，没有做好标志块。

裂缝变色表面沾污：材质不合格，地砖含水率偏高，有隐伤。

预防措施：严格按施工方案进行作业，严把材料进场质量关，各工序操作前会同有关人员做工序前检查。

安全注意事项

照明使用 36V 低压照明线路，电源线要求离地面 2m 以上架空敷设。

各种线路按高度排列整齐。

施工中使用的各种机具的电源插座须安全有效，电源插头应符合安全规范使用要求。电源二次线必须满足安全要求。

地毯铺装工程施工工艺

施工部位

地毯主要用于客房等地面装修工程。

材料要求

地毯的种类、规格、颜色、主要性能和技术指标必须符合设计要求，并有相应的出厂合格证明。衬垫的种类、规格、主要性能指标和技术指标必须符合设计要求，并有相关的出厂合格证。胶黏剂要求无毒、不霉、快干（0.5h 之内使用张紧器时不脱缝），对地面有足够的黏结强度，且可剥离，施工方便。用于地毯与地面、地毯与地毯连接拼接缝处的黏结，一般采用天然乳胶添加增稠剂、防霉剂等制成的胶黏剂。倒刺钉板条，在 1200mm×24mm×6mm 的三合板条上钉两排斜钉（间距为 35 ~ 40mm），还有 5 个高强钢钉均匀分布在地毯全长（钢钉间距 400mm 左右，距两端各 100mm 左右）。铝合金倒刺条用于地毯端头露明处，起固定和收边作用，多用在外门口或与其他材料的地面相接处。铝压条，宜采用厚度为 2mm 左右的铝合金材料制成，用于门框下的地面收口处，压住地毯的边缘，使其免于被踢起或损坏。

主要施工机具

裁毯子机、裁边机、地毯撑子（大撑子撑头、大撑子撑脚、小撑子）、扁铲、墩拐、手枪钻、割刀、剪刀、尖嘴钳子、漆刷、橡胶压边滚筒、烫斗、角尺、直尺、手锤、钢钉、小钉、吸尘器、垃圾桶、盛胶容器、钢板尺、盒尺、弹线粉袋、小线、扫帚、胶轮轻便运料车、铁簸箕、拖鞋、棉丝和工具袋等。

施工作业环境和相关条件

在铺设地毯前，室内装饰的其他分项工程必须施工完毕。室内的重型设备均已就位并调试、运行正常且专业验收合格，其他设备工程均已验收完毕，并经核查全部达到合格标准。相邻踢脚板做好，踢脚板下口均匀离开地面 8mm 左右，以便于将地毯毛边掩入踢脚板下方。

铺设地毯的基层表面平整、光滑、洁净，如有油污，必须用丙酮或松节油擦净。

地毯、衬垫和胶黏剂等进场后应检查核对数量、品种、规格、颜色、图案等是否符合设计要求，应将其按品种、规格分别存放在干燥的仓库或房间内。使用前要预铺、编号，待铺设时按号取用。

工序流程：基层处理→弹线分格、定位→地毯剪裁→钉倒刺板→钉倒刺板挂毯条→铺设地毯衬垫→铺设地毯→细部处理及清理

主要施工技术措施

基 层 清 理	将铺设地毯的地面清理干净，保证地面干燥，地面基层含水率不得大于 8%，并且要有一定的强度。检查地面的平整度，偏差不大于 4mm，满足要求后再进行下一道工序。
弹线、分格、定 位	严格按照设计图纸要求和房间各个部分的具体要求进行弹线、套方、分格。如无设计要求时应按照房间对称找中并弹线定位铺设。
地 毯 裁 割	地毯的裁割应在比较宽阔的地方统一进行，并按照现场实际尺寸计算地毯的裁割尺寸，要求在地毯背面弹线、编号。原则是地毯的经线方向应与长向一致。地毯的每一边长度应比实际尺寸长出 2cm 左右，宽度方向要以地毯边缘线的尺寸计算。按照背面的弹线用手推裁刀从背面裁切，并将裁切好的地毯卷边编号，存放在相应的房间位置。
钉 倒 刺 条	沿走道四周的踢脚板边缘，用高强水泥钉（钉朝墙方向）将钉倒刺条固定在基层上，水泥钉长度一般为 4 ~ 5cm，倒刺板离踢脚板面 8 ~ 10mm；钉倒刺板应使用钢钉，相邻两个钉子的距离控制为 300 ~ 400mm；钉倒刺板时应注意不得损伤踢脚板。
铺弹性垫层	垫层应按照倒刺板的净距离下料，避免铺设后垫层皱褶、覆盖倒刺板或远离倒刺板。设置垫层拼缝时，应与地毯拼缝至少错开 150mm。衬垫用点黏法刷聚酯乙烯乳胶，粘贴在地面上。
地 毯 拼 缝	拼缝前要判断好地毯的编织方向，以避免缝两边的地毯绒毛排列方向不一致。地毯缝用地毯胶带连接，在地毯拼缝位置的地面上弹一直线，按照此线将胶带铺好，两侧地毯对缝压在胶带上，然后用熨斗在胶带上熨烫，使胶层溶化，随熨斗的移动立即把地毯紧压在胶带上。接缝以后用剪子将接口处的绒毛修齐。

找　　平　　先将地毯的一条长边固定在倒刺板上，并将毛边掩到踢脚板下，用地毯撑拉伸地毯。拉伸时，用力压住地毯撑，用膝撞击地毯撑，从一边一步步推向另一边，按此反复操作，将四边的地毯固定在四周的倒刺板上，并裁割长出的部分地毯。

固 定 收 边　　地毯刮在倒刺板上轻轻敲击一下，使倒刺全部勾住地毯，以免挂不实而引起地毯松弛。地毯全部展平拉直后，应把多余的地毯边裁去，再用扁铲将地毯边缘塞进踢脚板和倒刺之间。当地毯下无衬垫时，可在地毯的拼接和边缘处采用麻布带和胶黏剂粘接固定（多用于化纤地毯）。

修整、清理　　铺设工作完成后，因接缝、收边裁下的边料和因扒齿拉伸掉下的绒毛、纤维应打扫干净，并用吸尘器将地毯表面全部吸一遍。

质量标准

质量保证项目　　各种地毯的材质、规格、技术指标必须符合设计要求和施工规范。地毯与基层固定必须牢固，无卷边、翻起现象。

质量基本项目　　地毯表面平整，无打皱、鼓包现象。拼缝平整、密实，在视线范围内拼缝不明显。地毯与其他地面的收口或交接处应顺直。地毯的绒毛应理顺，表面洁净、无油污等。

成品、半成品保护措施

运　　输　　运输过程中注意保护已完成的各分项工程，操作过程中保护好门窗框扇、墙纸、踢脚板等成品，避免损坏和污染，应采取保护固定措施。

地 毯 存 放　　地毯材料进场后注意存放、运输、操作过程。避免风吹雨淋，要防潮、防火、防踩、勿压等。

施工现场管理　　施工过程中应注意倒刺板和钢钉等的使用和保管，要及时回收和清理切断的零头、倒刺板、挂毯条和散落的钢钉，避免钉子扎脚、划伤地毯和把散落的钢钉弃忘在垫层和面层下面，否则必须返工取出。

交 接 管 理　　严格执行工序交接制度，每道工序施工完成后应及时进行交接，将地毯上的污物及时清理干净。操作现场严禁吸烟和使用明火。

商务会客区

墙面硬包挂板安装施工工艺

工艺流程

弹线→木龙骨安装→专用挂件安装→成品木饰面板安装

施工方法与技术措施

弹　　　线　　根据设计图纸的尺寸要求，先在墙上划出水平标高，弹出分格线。根据
　　　　　　　分格线在墙上加木橛或砌墙时预埋木砖。木砖、木橛的位置应符合龙骨
　　　　　　　的分档尺寸。

防潮层安装　　木质墙面应在施工前进行防潮处理。在墙面上刷二道水柏油进行防潮处理。

木 龙 骨 安 装	工程所有木龙骨的含水率均控制在 12% 以内，木龙骨应进行防火处理，可用防火涂料将木楞内外和两侧涂刷二遍，晾干后再装。根据设计要求制成木龙骨架，整片或分片拼装。全墙面饰面的应根据房间四角和上下龙骨先找平、找直，按面板分块大小由上到下做好木标筋，然后在空档内根据设计要求钉横竖龙骨，龙骨规格 25mm×40mm。
基层龙骨骨道	安装木龙骨前应先检查基层墙面的平整度、垂直度是否符合要求，如有误差，可在实体墙与木龙骨架间垫衬方木来调整平整度、垂直度，同时要检查骨架与实体墙是否有间隙，如有间隙也应以木块垫实。没有木砖的墙面可用电钻打孔钉木橛，孔深应为 40 ~ 60mm。木龙骨的垫块应与木龙骨用钉钉牢。龙骨必须与每一块木砖钉牢，在每块木砖上用两枚钉子上下斜角错开与龙骨固定。
成 品 木 饰 面 板 安 装	施工中应再次挑选编号的成品木饰面板，使同一空间木饰面板肌理、色调基本一致。将专用挂板挂件安装在基层木龙骨上。

安全措施

现场临时水电设专人管理，不得有长流水、长明灯。工人操作地点和周围必须清洁整齐，做到活完脚下清、工完场地清，制定严格的成品保护措施。使用人字梯攀高作业时只准一人使用，禁止同时两人作业。中小型机具必须经检验合格，履行验收手续后方可使用。同时应由专人使用操作并负责维修保养。必须建立中小型机具的安全操作制度，并将安全操作制度牌挂在机具旁的明显位置。中小型机具的安全防护装置必须保持齐全、完好、灵敏有效。

吊顶工程施工工艺

顶棚吊顶采用暗式伸缩缝工艺，即在吊顶与墙连接处或顶面之间有装修槽的部位采用过渡连接，无论是梅雨季节，还是冬季供暖季节，吊顶部位均不会因热胀冷缩而变形开裂。

轻钢龙骨石膏板吊顶施工方案

选材要求

照图纸要求和业主、监理所确定的标准选材，使用材料为国产名优品牌产品，严格按国家规范、标准组织进场验收。龙骨采用 U 型轻钢龙骨及龙骨配件（主龙骨为

UC38），石膏板优先选用无纸石膏板。吊杆选用 ϕ8 钢筋做吊杆。链接吊杆金属件选用规格 40mm×4mm、长度 40mm 的角钢。

施工工艺流程

测量放线→吊杆加工及现场固定→安装主龙骨→主龙骨调平→固定中小龙骨→隐蔽工程验收→石膏板安装→顶棚阴角线安装

施工操作要点

测量放线	根据图纸设计标高在墙面四周弹出标高线，在楼板下底面弹出吊点及龙骨位置线，并弹出相应灯槽、风口等位置线，避免锯断龙骨，要求弹线清楚、位置准确。
吊杆加工	选用 ϕ8 钢筋做吊杆，根据图纸吊顶标高，计算确定吊杆的长度，在加工厂进行加工，一端套丝，另一端焊接在 40mm×40mm×4mm 长度 40mm 的角钢上，角钢上预先用台钻打 ϕ12 的孔，焊接点刷防锈漆两遍。
吊杆现场安装固定	吊杆间距一般不应大于 1200mm，按照现场放线采用电锤打孔，然后用 M10 膨胀螺栓与吊杆进行连接固定。吊杆距主龙骨端部距离不得超过 300mm，否则应增设吊杆。
安装主次龙骨与调平	龙骨安装顺序为先装主龙骨，再装次龙骨，变标高处，应先装高跨再装低跨。将龙骨用吊挂件与吊杆连接，拧紧螺丝并卡牢。主龙骨的水平接长必须使用连接件接长。主龙骨安装好后，以房间为单元进行调平，大跨度房间吊顶的起拱高度，按不小于房间短向跨度的 1/500 起拱。中小龙骨用吊挂件与大龙骨固定，间距一般为 400mm，中小龙骨下表面应在同一水平标高位置。
龙骨加强	对造型顶棚，在变标高处对主龙骨进行加强，端部应互相焊接固定；对大面积房间，应每隔一定距离在大龙骨上部焊接横卧大龙骨一道，以加强大龙骨侧向稳定性及吊顶的整体性，对轻钢大龙骨焊接宜点焊，中小龙骨不能焊接。
隐蔽验收	封板前吊顶内的照明、通风、消防喷淋、烟感等专业管线施工均已完毕，且分专业由业主、监理、施工单位验收合格。
石膏板安装	先将板材就位，安装固定板时从板中间向四边固定，不能先钻孔后固定，要采用自功枪垂直一次打入拧紧，自攻螺丝的沉入深度以钉帽的表面略埋入板面并不破坏纸面为宜，自攻螺丝中

嵌缝腻子配比：嵌缝腻子：锯末：乳胶 =1：1：适量

第一次嵌缝腻子
第二次嵌缝腻子
第三次嵌缝腻子
50mm 宽无纺布用乳胶粘牢固

板缝处理节点示意图

距宜为 150 ~ 170mm，周边螺钉距板边 10 ~ 15mm，距切割边的距离宜为 15 ~ 20mm。石膏板安装时，分部位或按房间进行排版设计，错缝排列安装。板块缝隙留 8 ~ 10mm 为宜。铺设时，由于石膏板纵向的各项性能要比横向优越，因此石膏板的纵向不许与覆面龙骨平行，应与龙骨垂直，且保证石膏板必须在无应力状态下安装，要防止强行安装，安装吊顶板时用木支撑临时支撑，并将板与龙骨压紧，待螺钉固定完成后才可撤离。板块安装完毕后，对所有的钉帽点刷防锈漆，并用石膏腻子抹平。

板缝嵌缝　待石膏板安装完毕检查合格后进行板缝嵌缝。嵌缝方法为先在板缝两边 4cm 宽范围内的非纸面石膏板上涂刷一层乳胶，待乳胶七成干后用乳胶石膏腻子进行嵌缝。嵌缝时用刮刀将嵌缝腻子均匀饱和地嵌入板缝中，一共刮三道腻子。最后用 50mm 宽的无纺布胶粘封闭。

顶棚阴角石膏线安装　顶棚阴角石膏线安装时，在墙体上用电锤打孔，并钉 40mm 长防腐木楔，然后在石膏线背面抹 903 胶粘贴，再用 φ 3.5mm×30mm 自攻螺钉拧紧固定。吊顶设计无阴角线，安装石膏板时，板与墙周边预留距离为 6 ~ 7mm，待墙面装饰施工完毕后，在周边缝内注入玻璃胶一道。

喷涂面漆　基层打磨平整，清理干净，确定与设计色卡相同的涂料，用机具校准，空气压力为 0.4 ~ 0.8kPa。喷涂时在喷涂边部用遮挡板盖好非喷涂区，以免污染，严格按照喷涂操作规范作业，注意喷枪气压、角度、移动速度、距离及搭接，使喷面颜色一致平整。

局部节点处理　当吊顶上方的通风管道宽度大于 1.2m（含 1.2m）时，应在通风管道下方设置 8 号槽钢作为"铁扁担"。

质量控制要点及标准

石膏板应在自由状态下固定。轻钢龙骨的安装应位置正确，连接牢固，无松动、变形。吊顶大面应用水准仪严格控制标高尺寸，吊顶面的水平线应尽量拉出通线，线要拉直，最好采用尼龙线，对跨度较大的吊顶，应在中间位置加强标高点控制，吊点分布要均匀，固定要牢固。要处理好吊顶表面与灯盘、灯槽、空调风口、自动喷淋头、烟感器的关系，各专业之间配合密切，预留口位置正确。吊顶工程使用材料的品种、规格应符合设计要求。吊顶标高与设计标高允许误差为 ±3mm。通长次龙骨连接处的对接错位偏差不得超过 2mm。板面平整度允许偏差 2mm，接缝高低错位允许偏差 1mm。石膏板吊顶表面平整度用 2m 靠尺、楔形塞尺检查，允许偏差 2mm；收口线标高，用水平仪或尺检查，允许偏差 4mm；压条间距用尺检查，允许偏差 2mm；接缝平直度，拉 5m 线，不足 5m 的拉通线和尺量检查，允许偏差 2mm；接缝高低差用靠尺和塞尺检查，允许偏差 1mm；压条平直度，拉 5m 线，不足 5m 的拉通线和尺量检查，允许偏差 2mm。

常见质量问题分析及预防

石膏板吊顶不平整，主要原因是吊点分布不合理、龙骨变形、标高线不平造成的。预防措施为用尼龙线拉直吊顶水平控制线；跨度大的吊顶应在中间位置加设标高控制点，弹线完毕后，要进行复核；吊点要分布合理，在重载和接口部位要增加吊点，吊杆安装后不应变形；龙骨要有足够的刚度，挂重物处应采取加强措施，防止变形。吊顶面板缝线不直，产生的原因是龙骨、面板变形，安装时生扳硬装，不按照控制线施工。预防措施是严格控制材料质量关，避免龙骨因搬运等变形，使用前要校正好；安装面板时要注意对缝均匀，保持线条平直，严格按控制线安装龙骨。

行政酒廊

空间简介

行政酒廊位于酒店二十五层，是套房的配套设施。空间为金属铝方通格栅吊顶，配以高档深色石材地面、工业感十足的铁艺隔墙，刻意渲染了传统与现代撞击的空间意境，狭长布局，临窗用景，室内室外舒雅静好。

行政酒廊

技术难点、重点及创新点分析

顶棚和墙面用材坚实，与优雅的石材地面围合，突出了接口硬实的装饰效果。施工的难点在于把握放料的尺寸和工艺水准及施工策划。

石材地面施工工艺

施工准备

施 工 部 位　　地面石材主要用于行政酒廊地面装修工程。

石材及施工配套材料的要求	所采用石材必须符合设计要求；水泥采用 325 号以上的普通硅酸盐水泥，并备用适量白水泥擦缝；砂料选用中砂或粗砂，要求砂的含泥量不大于 5；擦缝用矿物颜料、蜡、草酸等。
主要施工工具	手推车、铁锹、靠尺、浆壶、水桶、铁抹子、木抹子、墨斗、钢卷尺、尼龙线、橡皮锤（或木锤）、铁水平尺、弯角方尺、钢斧子、台钻、扫帚、砂轮、磨石机、钢丝刷。

施工作业环境和相关条件

石材存放	石材进场后应侧立堆放在室内，并在其下加垫木方，按照石材的规格、使用部位分别标识放置；检查石材的质量是否符合设计要求。有损坏的石材提前将其挑选出来单独存放。
石材加工	石材加工前，必须对现场尺寸进行校核，根据现场尺寸放样，绘制加工图，并逐块编号。如不同石材为两家供货商加工，必须保证公差一致，以便现场拼装缝隙严密。
施工现场准备	室内抹灰、地面垫层、水电设备管线等施工均已完毕并办理完相关专业的交接手续。将施工部位地面杂物等全部清理干净，围挡相关施工部位，避免施工过程中交叉影响。
施工控制线	在房间内四周墙上弹好 +50cm 水平线、石材与其他部位的做法交圈标高控制点标识，弹出地面的排板控制十字分格线。
施工前技术准备	施工前必须熟悉施工大样图和加工计划单，清楚各部位的尺寸和做法，各部位的石材节点和收边方案完备。

施工工艺流程

基层处理→基层弹线→预铺→石材铺设→勾缝→饰面清理→打蜡→成品保护→分项验收

主要施工技术措施

基层处理	石材施工前将地面基层上的落灰、浮灰等杂物细致地清理干净，并用钢丝刷或钢扁铲清理，但不能破坏结构的保护层。对于卫生间、厨房等有防水要求的地面需要用 1：3（2.5）的水泥砂浆找平，厚度无设计要求时一般为 25～30mm，有设计要求时按要求进行施工；施工前要对地面刷一道水泥浆结合层或水泥浆掺 5% 立得尔建筑胶浆结合层。基层处理应符合施工条件的要求，并考虑到装饰厚度的需要，在正式施工前用少许清水湿润地面。

弹　　　　线	在房间的重点部位或地面面积较大的房间弹出互相垂直的十字控制线，用以检查和控制石材板块的位置，十字线可以弹在地面上并引至墙面底部。在房间的墙面四周弹出标高控制线和标高控制点，注意检查与楼梯或有其他不同面层材料部位的交圈和过渡处标高。在地面弹出十字线后，根据石材规格在地面弹出石材分格线。
预　　　　铺	首先应在图纸设计要求的基础上，对石材的颜色、纹理、几何尺寸、表面平整情况等进行遴选，然后按照图纸要求、石材编号进行预铺。对于预铺中可能出现的误差进行调整，直至达到最佳效果。同时注意采用浅色石材或质地密度较小的石材时，应在其背面和所有侧面涂刷隔离剂，以防止石材铺装时吸水影响石材的表面美观。
石材防护处理	由于设计选用浅色石材，为防止发生水泥浆碱性反应，要求石材安装前必须进行六面表面防护处理。石材进场后将其背网胶撕除，进行六面防护剂涂刷，待防护剂完全渗入石材内部并干燥后，进行背面甩砂。背面甩砂使用中砂与胶混合物均匀撒在石材背面，以防止石材与结合层产生空鼓。
结　合　层	在铺装砂浆前，把基层清扫干净，用喷壶洒水湿润，刷水灰比为0.5左右的素水泥浆，做到随刷随铺。
铺　砂　浆　层	在地面上按照水平控制线确定找平层厚度，并用十字线纵横控制，石材镶贴应采用1：3干硬性白水泥砂浆，经充分搅拌均匀后进行施工（要求砂浆的干硬度以手捏成团不松散为宜），把已搅拌好的干硬性砂浆铺到地面，用灰板拍实，应注意砂浆铺设宽度应超过石材宽度1/3以上，并且砂浆厚度约高出水平标高3~4mm，砂浆厚度控制在30mm。
铺　装　石　材	把已编号的石材按照排列顺序从远离门口一侧开始铺装，按照试拼编号依次铺砌至门口。铺装前将板材预先浸湿后阴干备用，先进行试铺，对好纵横缝，用橡皮锤垫木板敲击，不得用橡皮锤直接敲击石材板面，振实砂浆至铺设高度后，将板移至一旁，检查砂浆上表面与板块之间是否吻合，如有空虚之处应填补干硬性砂浆。正式铺装时在砂浆层上满浇一层水灰比为0.5的素水泥浆结合层，安放时要四角同时往下落，用橡皮锤或木锤轻击垫木板，用水平尺控制铺装标高，顺序镶铺。石材板块铺装时接缝要严密，一般不留缝隙。
擦　　　　缝	在铺装完成后1~2昼夜进行灌浆勾缝。水泥浆应依据石材的颜色添加同色的矿物颜料，均匀调制成1：1稀水泥浆，用浆壶分多次灌入缝隙内或者用水泥拌和色粉擦缝。擦缝完成后，及时将石材板面的水泥浆用棉丝清理干净并加以保护。
打　　　　蜡	有防水要求的房间待二次试水合格后进行打蜡，其他房间应在完成其他所有工序后进行打蜡。石材地面打蜡前必须对地面进行彻底清理，保证无任何污物。打蜡一般应按所使用蜡的操作工艺进行，原则上要求烫硬蜡、擦软蜡，蜡洒布均匀，不露底色，色泽一致，表面干净。

质量标准

保 证 项 目　石材的品种、规格、质量必须符合设计要求，面层与基层的结合必须牢固、无空鼓。石材表面洁净、图案清晰、光亮、光滑、色泽一致，接缝均匀顺直。板块无裂纹、掉角和缺棱等现象。卫生间有地漏处，坡度符合设计要求，或按规范的要求放坡 0.5%。踢脚线表面洁净，接缝平整均匀，高度一致，结合牢固，出墙厚度适宜。镶边材料及尺寸符合设计要求和施工规范，边角整齐、光滑。

允许偏差项目　表面平整度，用 2m 靠尺和楔形塞尺检查，允许偏差 1mm；缝格平直度，拉 5m 线，
控 制 标 准 和　不足 5m 的拉通线和尺量检查，允许偏差 2mm；接缝高低差，用尺量和楔形塞尺
检 查 方 法　检查，允许偏差 0.5mm；踢脚线上口平直度，拉 5m 线，不足 5m 的拉通线和尺量检查，允许偏差 1mm；板块间隙宽度，用尺量检查不大于 1mm。

半成品保护措施

保管储存措施　石材不得雨淋、水泡、长期日晒；存放时板块立放，光面相对；板块的背面应支垫松木条，板块下面应垫木方，木方与板块之间衬垫软胶皮；施工现场应设立专门的库房。

运输保护措施　运输石材板块、水泥砂浆时，应采取成品保护措施，防止碰撞已做完的地面。铺设地面用水时要防止浸泡，以防污染其他墙面和地面。

试 拼 石 材　试拼应在地面平整的房间或场地进行，施工人员宜穿干净的软底鞋。
注 意 事 项

铺砌石材要求　施工人员做到随铺随抹干净。找平层砂浆的抗压要求不得低于 1.2MPa。

其 他 措 施　石材地面铺装完后应将房间封闭，标识严禁交叉作业，待达到强度后在表面加以覆盖保护。

常见质量问题分析及预防

板面与基层空鼓　原因为混凝土垫层清理不干净或浇水湿润不够；刷素水泥浆不均匀或完成时间较长，过度风干造成找平层形成隔离层；石材未浸润等。预防措施为施工操作时严格按照操作规程进行，基层必须清理干净，找平层用干硬性砂浆，结合层做到随铺随刷，板块铺装前必须润湿。

尽端出现大小头　原因为铺砌时操作者未拉通线或者板块之间的缝隙控制不一致。预防措施为应当及时检查缝隙是否顺直或偏离控制线。

接缝高低不平、缝子宽窄不匀	原因为石材本身有厚薄、宽窄、窜角、翘曲等缺陷，预先未挑选；房间内水平标高不统一，铺砌时未拉通线等。预防措施为石材铺装前必须进行挑选，凡是翘曲、拱背、宽窄不方正等块料全部挑出；随时用水平尺检查；室内的水平控制线要进行复查，符合设计要求的标高。
过门口板活动	预防措施为注意过门口处石材的铺装质量和铺装时间，保证与大面石材连续铺装。
踢脚板出墙厚度不一致	预防措施为安装踢脚板时必须拉通线，控制墙面抹灰等饰面的平整度和方正度。

小宴会厅

北京化工大学昌平校区图书馆精装修工程

项目地点

北京市昌平区南口镇虎峪村南（北京化工大学昌平新校区中心区）

工程规模

精装修面积 9300 m²，工程总造价 1673 万元

建设单位

北京化工大学

开竣工时间

2017 年 3 月—2017 年 9 月

获奖情况

荣获 2018 年北京市建筑工程长城杯金奖，北京市第三批绿色施工示范工程绿色安全样板工地，全国施工安全生产标准化建设工地

社会评价及使用效果

项目在每个分项工程施工之初先进行实体样板施工，为所有分项工程都编制了二维码，分项工程的施工检测质量结果、检测手段、检测方法、施工人员均可进行追溯。昌平区建设工程质量监督站领导在参观项目后，对项目采用的实测实量二维码管理系统给予了充分的肯定，并要求在该区推广。开架阅览图书种类齐全，馆内设施先进，具有完备可靠的局域网，并与校园网及互联网连接，是校园内重要的信息中心和智能中心。图书馆被校方领导、校友誉为北京化工大学建校以来最美图书馆，充分体现了以人为本、读者至上的服务理念

图书馆远景

图书馆近景

图书馆内景

设计特点

北京化工大学昌平校区图书馆总建筑面积 49455m^2，其中精装修建筑总面积 9300m^2，地上 6 层，地下 2 层，设计藏书量 130 万册，设置阅览席位 1～5 层共计 1500 个，具有一流的数字媒体阅检和实体书籍借阅功能，属于公共设施类高层建筑。

图书馆采用了相同柱网、大平面、大开间的设计方式，平面形状为两个 62.4m^2 的正方形相交，似两个化学元素结合时所产生的互动效果，层层叠加，象征着知识的交叉和融汇。室内外装饰环境协调一致，简洁的室内顶棚格栅与室外立面陶板协调统一，灰白及浅红为主的浅色调简洁明快、自然亲和，体现了以人为本的理念，营造了良好的学习交流空间。

一层有中庭大堂、1 号共享大庭、3 号共享大庭、北门厅、新书区、书吧、学生一站式服务大厅、设备用房、24 小时自助服务大厅、办公区等。二层有中庭大堂、中庭大堂三面环廊自习区、休息厅、自助借还区、多媒体阅览区、社会科学人文藏阅区。三层有中庭大堂、中庭大堂三面环廊自习区、中文科技文献阅

借书处

览区、中文科技文献藏阅区、公共查询区、办公区。四层有中庭大堂、中庭大堂四面环廊自习区、化大文库阅览区、中文社科文献阅览区、中文社科文献藏览区、中庭环廊休息区、化大文库管理办公区。五层有中庭大堂、中庭大堂四面环廊自习区、办公区检索工具书阅览区、检索工具书藏览区、公共查询区、自习及文件课教室及办公区。六层有公共查询区、研讨交流区、屋顶庭院等。图书馆各层通过设在东侧、西侧、南侧的6部公共电梯及2部消防电梯直达六层。地下2层战时为人防，平时兼作车库，地下一层设有设备用房、藏书室、地下车库。

功能空间介绍

图书馆中庭大堂

空间简介

图书馆是北京化工大学昌平校区的重点建筑，而中庭大堂又是图书馆的重点，中庭大堂的效果及质量好坏直接影响着图书馆的形象及品质。一层大堂阅览台阶与大堂层层内收旋转扭转的走廊，在空间上创造出丰富的层次，连绵起伏。一至五层平面位置为中庭大堂，一层内部东北侧设有一部木质多用途

中庭大堂

大台阶，西侧与办公区、设备区相连，西北侧与西北入口处的1号共享大庭相连，南侧与南侧主出入口处的3号共享大庭相连，北侧与北出入口处的北门厅相连，东北侧与新书区、书吧相连，东侧与学生一站式服务大厅、设备用房、24小时自助服务大厅、办公区等相连。

中庭大堂环形走廊夹角逐层增加2°，二至五层共计增加8°，每层结构向大堂中心内收，在立面上同平面扭转，像一条条玉带悬挂在大堂空中。中庭大堂二至五层由各层中庭环廊围护组成，大堂中庭

大堂侧面

楼梯背面空间

穹形玻璃屋顶由双曲面扭转的钢梁及双层透明钢化夹胶玻璃结合而成。中庭大堂采用做减法的设计方法，穹形玻璃屋顶钢结构保持原有钢结构粗犷、刚劲的外表，不做任何装饰，其余顶棚均为格栅镂空吊顶，提倡少装饰甚至不装饰，确保其美观舒适、简洁耐用。以先进、超前、适用、节约、环保为原则，强调简洁明快、功能实用、动线流畅、自然亲和的设计理念。同时对装饰材料的效果、品质、材料生命周期等方面进行统筹对比、严格把控，实现低造价的理想效果。在灯具的选用上，以满足不同空间功能及效果氛围为前提，对灯具的款式、功率、照度、色温、显色性、耐久性、节能性等进行综合对比，并根据使用部位的不同进行科

学的组合及设置。在装饰选材方面为了突出节能环保、环境静谧等特点，采用吸附二氧化碳功能强、吸声效果好的 GRG 成品挂板、白沙岩石材作为中庭大堂各层环廊檐口、中心大堂屋顶檐口面层材料及环中庭大堂柱体的面层材料。

主要材料

地面面层材料	一层地面面层采用 20mm 灰姑娘大理石；一至二层木质大台阶踏步面层采用 15mm 实木复合木板；二至五层环廊地面面层采用亚麻地板。
墙面及环廊檐口面层材料	一层环廊墙面面层采用 3mm 木纹转印铝板；二至五层环廊墙面面层采用硅藻泥涂料；中庭大堂二至五层环廊檐口挂板及屋顶檐口采用成品 600mm 宽的 GRG 装饰板；大台阶临空边界墙墙面采用 20mm 白沙岩石材，内侧采用 15mm 实木板作为临空边界墙的内装饰面。环中庭大堂环廊采用 6mm+6mm 夹胶玻璃栏板，100mm×70mm 椭圆木质压顶作为扶手。
吊顶材料	一层环廊采用 1200mm×600mm 金属开孔网吊顶，二层中庭大堂环廊采用 100mm×70mm 铝方通吊顶，三至五层中庭环廊采用轻钢龙骨石膏板吊顶，大堂中心屋顶为双层 8mm+8mm 夹胶玻璃屋顶。
柱面面层材料	一至五层大堂中心及环廊柱面采用 25mm 白沙岩弧形石材。

技术难点、重点及创新点

中庭大堂木质大台阶技术难点与重点

图书馆的大台阶是中庭大堂的一项重要功能设施，是由二层向一层大堂竖向交通疏散的重要交通线路，同时又兼具图书阅览、休憩的重要功能。它由 3 个不同的踏步平面形状组成，楼梯最下端两步由弧形踏步面板平面组成，中间及上部踏步梯段左端按照消防疏散梯段 150mm×280mm 的尺寸设计，右侧按照图书阅览座位的尺寸设计，右侧梯段踏面宽度及踏面高度尺寸均是左侧梯段的 2 倍。同时楼梯在采用下宽上窄的设计，左右不同踏步尺寸部位采用不锈钢金属栏杆进行分割，踏步三面均是石材墙面，从远处看踏步叠级造型，下宽上窄的设计在空间上与大堂相得益彰、交相辉映。梯段下部的弧形踏步板与直线踏步板相交部位处理、楼梯两侧栏板扶手与楼梯踏步板交接点部位处理、疏散段与阅览段踏步接茬部位处理均是中庭大堂大台阶施工的技术难点与重点。

解决方法及措施如下。首先从大台阶最底部第一层弧形踏步板开始安装，然后根据弧形板弧形的边界尺寸调整安装与弧形板相接的第一块直线踏步板，这样可以解决交接部位的错台问题，每层都要先安装弧形板，再安装与弧形板相接的第一块直线板，按照这样逐层递进安装的施工顺序完成最底部的两层踏步板。然后再依次安装第三层的疏散梯段部分踏步板，根据平面尺寸位置再安装右侧阅览台阶梯段部分，这样可以解决接茬部位不易在同一水平面的问题。

楼梯侧面的饰面板，待安装完踏步板后，再安装竖向扶手栏板，这样就可以根据踏步的尺寸调整侧面板的安装位置，以解决楼梯段宽度尺寸不易保持统一的问题。

由于涉及大量不规则曲线材料，需采用现场实测实量，并与 BIM 理论模型相结合进行材料下单及加工。

中庭大堂大台阶施工图纸创新设计

图书馆大堂台阶采用柚木色 15mm 实木复合地板与基层 18mm 阻燃板相连，大台阶第一、二层踏步高度为 150mm，中庭踏步台阶被设计成阅览台造型，一层层红色的阶梯呈梯田状铺开，一直延伸至二层，寓意书山有路。书山台阶上可以读书休憩，享受休闲时光。为保证大台阶的邻边安全，在装饰设计上采用石材幕墙作为大台阶外临空边界护手墙，中间防火疏散台阶栏杆采用不锈钢栏杆作为安全扶手。

多用途楼梯

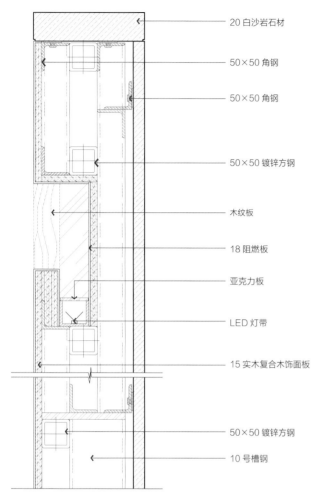

大台阶边界石材墙体扶手

20 白沙岩石材

50×50 角钢

50×50 角钢

50×50 镀锌方钢

木纹板

18 阻燃板

亚克力板

LED 灯带

15 实木复合木饰面板

50×50 镀锌方钢

10 号槽钢

15 木饰面板

LED 灯带

亚克力板

15 木饰面板

大堂地面灰姑娘石材

大堂大台阶木质踏步下灯带做法示意

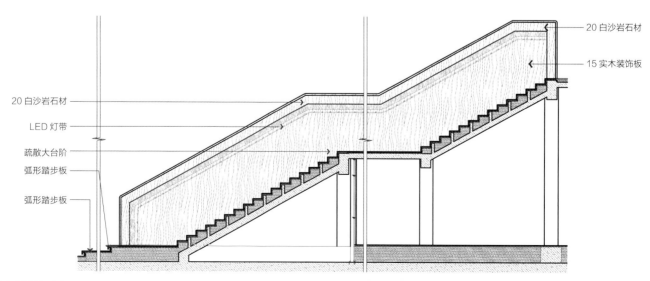

20 白沙岩石材

15 实木装饰板

20 白沙岩石材

LED 灯带

疏散大台阶

弧形踏步板

弧形踏步板

大堂大台阶剖面图

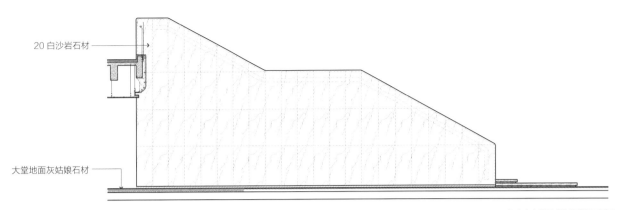

20 白沙岩石材

大堂地面灰姑娘石材

中庭大台阶边界扶手墙石材图

石材楼梯、扶手、木踏板施工工艺

施工工艺流程

测量放线→材料下单加工→石材钢架龙骨安装→石材安装→石材结晶→不锈钢栏杆安装→扶手压顶石材安装→扶手内侧木饰面板安装→踏步木饰面板安装

测量放线 项目开工进场后，由测量放线小组根据书面及现场接收总包方移交的平面控制线及标高控制线及时进行复测，将测量复核结果形成验线报告反馈至总包及监理等单位；根据总包单位移交的标高线，确定装饰 1000mm 水平线，现场进行放样，并在四周的柱上弹出水平控制线，允许误差应符合每 3m 两端高差小于 ±1 mm，同一条水平线的标高允许误差为 ±3 mm。根据大台阶大样图，结合控制轴线及标高线，先放出石材幕墙定位线，根据石材幕墙定位线向墙体内侧放出扶手内侧定位线，然后根据幕墙内外侧墙体线的端点放出大台阶下端第一步弧形台阶定位线，根据第一步台阶弧形定位线放出第一步直线段梯段的定位线，然后逐层依次向上放出台阶定位线并在两侧墙体上做出标记。

材料下单 根据测量放线图，按照实际测量尺寸绘图排布下单，然后对不同弧度、不同尺寸进行编号，踏步及墙面石材每一层每一块都单独编号，根据每个编号进行排版，减少进场后的挑选时间。

基层钢架焊接 主龙骨采用 100mm×50mm×5mm 镀锌方通横向与大楼梯混凝土结构连接，根据石材排版尺寸 1000mm×1500mm，主龙骨竖向距离为 1000mm，连接处下口采用 ∟ 40 型镀锌角码增加底托，墙面竖龙骨顶天立地，与结构连接采用 190mm×190mm×9mm 镀锌预埋板焊接，预埋件采用 M12 膨胀螺栓与结构连接；横撑龙骨及竖向龙骨采用 50mm×50mm×4mm 镀锌角钢，间距不大于 600mm，与主龙骨连接，均采用满焊形式连接，焊缝高度 6mm。钢架焊接完成后进行焊缝质量检查，对合格的焊缝进行防锈处理，并进行骨架隐蔽工程检查。

石材面层安装　在安装石材前，需对基层龙骨平整度、垂直度进行复查，平整度误差不大于
2mm；根据到场石材编号，从一处最低端开始逐层安装，每天最多不能超过 1 层。
在第一层石材底端用 10 号槽钢作为钢支撑，槽钢底部用木楔塞实塞紧，采用双组
分 AB 胶结合云石胶在石材背部进行粘贴，然后对石材进行挤压，让背部胶通过角
钢孔洞渗透到角钢背面拼缝处预留的 1mm 缝隙中，粘贴完成后，放置 3 天，待粘
贴层完全干透，应力释放后，采用大理石专用胶灌注、填满。

石材面层结晶处理

修补破损及中缝补胶（无缝处理）　用电动工具将石材有破损的表面及安装的中缝重新切割，使缝隙的宽度差降至最
低。采用石材专用胶进行修补，并使其尽量接近所铺石材的颜色。

剪口位打磨　采用专用剪口研磨片对剪口位进行重点打磨，使其接近石材水平面。

研磨抛光　采用水磨片由粗到细进行研磨，使石材面层光滑平整、晶粒清晰。

防护　利用专用的养护剂，使其充分渗透到石材内部并形成保护层（阻水层），从而达到
防水、防污、防腐效果并提高石材的抗风化能力。在专用设备研磨石材摩擦产生的
高温作用下，通过物理和化学综合反应，在石材表面进行结晶处理，形成一层清澈、
致密、坚硬的保护层，起到为石材表面加光、加硬的作用，这道程序十分重要，可
为今后的保养打好基础。

大台阶施工

大台阶基层板安装　基层板采用 18mm 厚防火阻燃板，在铺设基层板前要清理干净基层上的垃圾
和灰尘，基层必须干燥，不能有水渍等。在阻燃板板面上点状涂抹聚氨酯发泡
剂，用红外线水平器放出第一步台阶水平高度，根据基层平整情况及水平线高
度随时调整发泡剂的厚度，利用聚氨酯发泡剂的黏性与踏步混凝土基层连接，
待发泡剂硬化强度达到一定要求后，在阻燃板上钻孔，采用六角螺栓与混凝土
基层固定，螺栓头低于板面 5mm。基层板施工完毕后，用 2m 铝合金靠尺检
查基层板的表面平整度，不平整处用木工刨人工刨平，并在基层板上每隔 1m
处开一个小孔，释放基层内的潮气，为下一步工序——基层板安装提供质量保
障。

大台阶面层板安装　大台阶面层板采用 15mm 厚实木复合木地板成品板，在成品板铺设前，要把
原有基层板板面上的垃圾及灰尘清理干净，板面上禁止有积水及基层潮湿现
象，并用专用木材检测仪器测量木材的含水率，将其控制在 9% 以内。在阻燃
板板面上点状涂抹聚氨酯发泡剂，用红外线水平器放出第一步台阶弧形板水平

大台阶完工实景

高度及定位线，根据基层板平整情况及水平线高度随时调整发泡剂的厚度，利用聚氨酯发泡剂的黏性与基层踏步连接，在阻燃板上用气钉与基层板固定。每层都从角部弧形板开始安装，依次逐层进行。

中庭大堂二至五层环廊走道 GRG 檐口

空间简介

整个中庭走廊檐口从空间上向内收敛，呈圆滑的曲面，如一条条玉带飘散在大堂之中，给人以动线流畅、自然平和的感受。檐口全部使用 GRG 新型材料，环保、无污染，既美观又体现出以人为本的原则。完工后的檐口，成为整个中庭大堂中一道亮丽的风景线。

技术难点、重点及创新点分析

技术难点

工程测量难度大。拦河区弧形曲面 GRG 制作安装难度大。穹型屋顶双曲面异形 GRG 制作安装控制难度大。中庭脚手架搭拆及成品保护难度大。

采光顶

采光顶外部处理

技术创新措施

大堂中庭采光棚至地面垂直高度达 23.5m，一至五层环廊区拦河是逐层向上递进内收的曲面，利用全站仪和激光垂准仪及卷尺对施工区域内建筑结构及其垂直度、水平度进行精密测量，取得精确的垂直、水平基准线和作业控制线，在此基础上保证施工质量。

选择有能力有资质的生产厂家，对现场进行实测实量，对现场弧形部位制作模具，塌出模型得出数据，利用计算机进行三维建模，根据三维模型数据下料制作。材料进场后要在地面进行预拼装，没有问题后再进行实体安装，GRG 加工尺寸及外观产品质量要符合规范要求及设计要求。

设计图纸中，一层地面工程做法为地采暖地面，现场实际地采暖保护层厚度为 20mm，中庭穹顶吊顶高度达 22m。根据图纸设计要求，中庭采光顶吊顶 GRG 安装需要搭设满堂红脚手架才能满足施工要求。架体的自重及安装荷载重量对地采暖地面的承载力要求极高，架体拆除时拆除架体的钢管重量及施工荷载对地面的冲击力非常难以控制，对地采暖的保护很难做到。为此需要专项研究现场所有支撑架立杆的设计与排布尺寸。

项目通过建模技术软件叠加各楼层梁板，利用 BIM 对立杆一根一根地计算、排布，并进行可视化交底。上千根立杆在精确的操作下实现了搭设构想，并在脚手架搭设前，对地面进行 20mm 多层板保护，同时在每根脚手立杆下部铺垫通长 50mm 厚的标准木板。在拆除过程中，拆除每一根脚手架都要人工传递，放置在各楼层，随拆随运，并安排专人看管，拆除下来的钢管不准落地。

施工图纸设计

拦河的回收扭转曲面层层向上递进，寓意着书是催人奋发向上的力量，人生要螺旋式地不断上升。乳白色的拦河 GRG 像少女的裙带般淑雅高贵。中庭采光棚采用网状透明式设计，寓意着有多种无机化学元素在图书馆内交融，在光合作用下变化分解。大堂环廊采用格栅吊顶，本着环保节能的设计理念，外立面采用陶板玻璃幕墙的设计，代表现代与传统的完美结合。

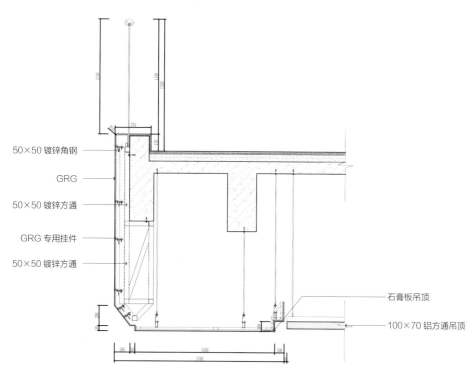

50×50 镀锌角钢

GRG

50×50 镀锌方通

GRG 专用挂件

50×50 镀锌方通

石膏板吊顶

100×70 铝方通吊顶

中庭环廊 2-5 檐口不锈钢栏板剖面图

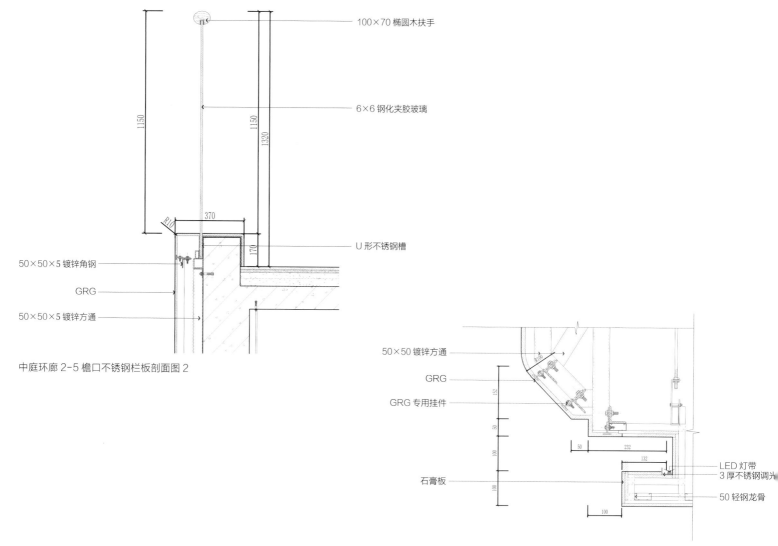

100×70 椭圆木扶手

6×6 钢化夹胶玻璃

U 形不锈钢槽

50×50×5 镀锌角钢

GRG

50×50×5 镀锌方通

中庭环廊 2-5 檐口不锈钢栏板剖面图 2

50×50 镀锌方通

GRG

GRG 专用挂件

石膏板

LED 灯带
3 厚不锈钢调光
50 轻钢龙骨

GRG 檐口做法

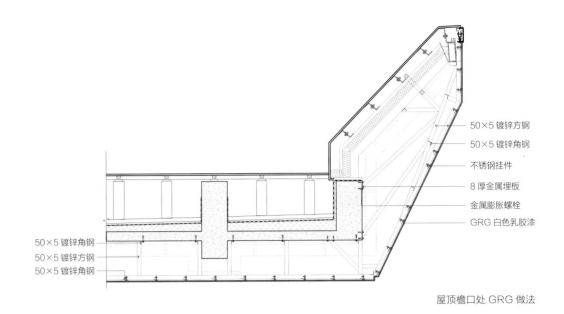

50×5 镀锌方钢
50×5 镀锌角钢
不锈钢挂件
8 厚金属埋板
金属膨胀螺栓
GRG 白色乳胶漆

50×5 镀锌角钢
50×5 镀锌方钢
50×5 镀锌角钢

屋顶檐口处 GRG 做法

大堂檐口 GRG 安装工艺

工艺流程

图纸深化→定位放线→埋板安装→龙骨安装→材料放样→面层安装→机电预留孔位→面层腻子→面层涂料

图纸深化 根据现场实际施工作业条件对 GRG 图纸进行深化，尤其是对板材接口形式及埋件预埋方式的节点进行深化。根据本项目的特点，板材接口采用企口方式节点设计，埋件采用与板材一体化的加工生产方法。

定位放线 利用全站仪及铅锤仪对二层拦河及以上拦河统一精确定位测量，依据图纸及现场测量偏差及时调整拦河 GRG 边线位置，并在地面上画出定位控制线，然后根据定位控制线依次向上逐层传递。

埋板安装 根据现场拦河区尺寸，考虑材料的产品特殊性及加工安装的方便性，板材在高度 1500mm 的区段，平均分为 2 段，在长度区段划分 900mm 宽度，依据板材控制线在一层北侧拦河区阴角处放出拦河板材第一块埋板位置线，埋板距上下段尺寸为 200mm，在两段板材接口处上下位置分别放出 2 块埋板位置线，埋板尺寸为 120mm×120mm×8mm。埋板通过 4 根直径 12mm 的螺栓与结构连接。

龙骨安装 依据竖向龙骨定位控制线，先焊接 50mm×5mm 镀锌角钢作为连接角码，与 120mm×120mm×12mm 镀锌钢板连接，将竖向 50mm×50mm×5mm 镀锌角钢主龙骨放置在竖向龙骨控制线上

（间距 900mm）并焊接在埋件上，焊接的焊缝高度为 6mm，经检查合格后再按分块位置焊接水平 50mm×50mm×5mm 横向龙骨，水平龙骨焊接前应根据板材高度 750mm 尺寸放出位置控制线，挂件位置提前进行打孔，孔径一般应大于固定关键螺栓 1～2mm，按左右方向打成椭圆形，以便挂件左右调整。检查水平高度和焊缝，符合焊缝设计 6mm 后将焊渣敲除，涂刷防腐漆，再次检查焊缝，符合要求后再在焊缝上满涂防锈漆。

材料放样 龙骨焊接完成后，要进行现场放样，用三合板做基层，表层用石膏做面层拓出痕迹，根据现场石膏模型利用计算机三维建模技术得出真实数据，为机械加工提供数据。根据现场机电管线位置，在石膏模型上画出标记，使安装产品出厂前在生产车间就已预留洞口。

面板安装 将 30mm×40mm 镀锌挂件用螺栓临时固定在横向水平龙骨的开孔处，安装时螺帽朝上，同时应将平垫、弹簧垫安放齐全并适当拧紧。将第一层板材逐块进行试挂，左右调整挂件位置使其符合要求。首先进行二层拦河板材安装，逐一检查挂件，如果平垫弹簧垫安放齐全则拧紧螺帽。按照板材编号从阴角处依次向两端顺序安装板材。每块板安装后，用靠尺板找垂直、水平尺找平整、方尺找阴阳角方正，发现不合格的应进行修正。按上述方法依次逐层进行安装，板与板之间插口严密。

面层腻子接缝处理 刮嵌缝腻子前先将接茬缝内的浮土清除干净，用小刮刀把腻子嵌入缝内，与板面填实刮平。待嵌缝腻子凝固后再粘贴拉结材料，先在接缝上薄刮一层稠度较稀的胶状腻子，厚度为 1mm，宽度为拉结带宽，随即粘贴拉结带，用中刮刀从上而下向一个方向刮平压实，赶出胶状腻子与拉结带之间的气泡。拉结带粘贴后立即在上面再刮一层比拉结带宽 80mm 左右、厚 1mm 左右的中层腻子，将拉结带埋入这层腻子中，用大刮刀将腻子填满楔形槽，与板面齐平。

中庭大堂二至五层包柱石材施工工艺

工艺条件

中庭大堂环廊圆柱柱体直径均为 1250mm，柱体自二层至五层把环廊拦河一层层串联在一起，色泽明亮、洁白的圆柱把大堂装扮得更加庄重与高贵，成为整个图书馆的点睛之笔，使图书馆成为整个校区建筑的杰出之作。

檐口处理

铝方通及包柱处理

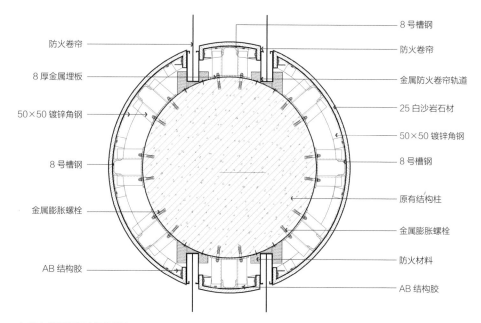

防火卷帘 —— 8号槽钢

8厚金属埋板 —— 防火卷帘

50×50 镀锌角钢 —— 金属防火卷帘轨道

8号槽钢 —— 25 白沙岩石材

金属膨胀螺栓 —— 50×50 镀锌角钢

AB 结构胶 —— 8号槽钢

—— 原有结构柱

—— 金属膨胀螺栓

—— 防火材料

—— AB 结构胶

中庭大堂圆柱石材平面图

中庭大堂周边的圆柱直径均为 1250mm，10mm 埋板通过 4 根直径 12mm 的螺栓与原有结构柱相连，柱体 8 号槽钢主龙骨通过与埋板焊接固定在柱体上，50mm 镀锌角钢水平骨架通过与 8 号槽钢焊接形成封闭的水平环。

工艺流程

吊垂直找方→龙骨固定和连接→石材开槽→挂件安装→石材安装→面层结晶→补胶搽缝→面层结晶

操作工艺

吊垂直找方　用经纬仪沿着竖向柱体打垂直线，根据垂直线找出原有结构柱体的结构偏差，根据结构上下两端偏差数据调整柱体龙骨距结构尺寸位置。由于原有结构柱体结构误差都在 10mm 范围内，龙骨据原有结构尺寸偏差调整 5mm。

弹　　线　按照结构柱体高度及施工难度，石材在高度方向分段为 1m，沿着柱体，依据确认的水平标高线的基准线，弹出石材 1m 高度分割位置线，及沿着正南、正东方向的十字分割线，每根柱体在每段高度方向分割为 4 块，每块弧形长度为 0.98m。在柱体下端依据正 1m 线弹出首层地面标高控制线。

龙骨固定和连接	根据高度 1m 石材分割线、弧长长度石材分割线及施工图纸石材安装关键位置图,弹出纵横向龙骨位置线。在弹竖向龙骨位置线前,用三合板制作石材完成面直径为 1250mm 的模具,模具从中心分成相等的两个半圆,套在结构柱上,按照柱体偏差位置线调整模具位置,调整至符合图纸尺寸要求后,在模具内边缘画出石材完成面位置线。依据石材 25mm 厚度及挂件 35mm 长度,再加上位置调节量,确定横向龙骨外边尺寸 1210mm 画线即可。
埋件	依据柱体弧形特点,委托专业厂家定制弧形热镀锌埋件,埋件尺寸为 200mm×200mm×12mm,埋件通过 4 根 ϕ12 镀锌螺栓与结构柱固定连接。
	依据竖向龙骨定位控制线,先焊接 50mm×5mm 镀锌角钢作为连接角码,与 200mm×200mm×12mm 镀锌钢板连接,依次焊接竖向主龙骨,将竖向 8 号槽钢主龙骨放置在竖向龙骨控制线上并焊接在埋件上,焊接的焊缝高度为 6mm,经检查合格后,再按分块位置焊接水平 50mm×50mm×5mm 横向龙骨,水平龙骨焊接前应根据石板尺寸、挂件位置提前进行打孔,孔径一般应大于固定关键螺栓的 1~2mm,左右方向打成椭圆形,以便挂件左右调整。
	检查水平高度且焊缝符合焊缝设计 6mm 后,将焊渣敲除并涂刷防腐漆,再次检查焊缝,符合要求后再在焊缝上满涂防锈漆。
短槽式石材开槽打孔	将石材临时固定,按设计位置用云石机在石材上下两边各开两个弧形短平槽,短平槽长 100mm,在弧形长度 100mm 范围槽深为 20mm,槽宽为 7mm,每块弧形板上下两端均为两个挂件,距石材左右边缘为 150mm。石材开槽后不得有损坏及崩边现象,槽口应打磨成 45°倒角,槽内应光滑、洁净,开槽后应将槽内的石屑吹干净或冲洗干净。
挂件安装	将挂件用螺栓临时固定在横向水平龙骨的开孔处,安装时螺母朝上,同时应将平垫、弹簧垫安放齐全并适当拧紧。将第一层石材逐块进行试挂,位置不符合要求时,调整挂件位置的左右使其符合要求。
石材安装	首先进行首层石材安装,检查沿地面层的挂件,如平垫、弹簧垫安放齐全则拧紧螺母。将石材下的槽内填满环氧树脂专用胶及大理石胶,然后将石材插入,调整石材的左右位置,找完水平、垂直、方正后将石材槽内填满环氧树脂专用胶及大理石胶。将上部的挂件支撑板插入填满环氧树脂专用胶及大理石胶的槽内,并拧紧固定挂件的螺母,再用靠尺板检查有无变形,等环氧树脂专用胶及

大理石胶凝固后，采用同样的方法按照石材编号依次进行石材安装。首层板安装后，再用靠尺板找垂直、水平尺找平整、方尺找阴阳角方正、游标卡尺检查板缝，发现不合格的应进行修正。按上述方法依次进行安装，板与板之间预留 5mm×5mm 凹缝，根据柱体高度每日安装不应超过三层板高度，防止重力使石材集中脱落。

打胶擦缝　因本工程石材为密封安装，石材安装后用抹布擦干净石材表面，并按白沙岩石材用白色浆嵌缝，边嵌边擦干净，使缝隙密实、均匀、干净、颜色一致。

石材结晶　修补破损及中缝补胶（无缝处理），用电动工具将石材原有破损的表面及安装的中缝重新切割，使缝隙的宽度差降至最低；采用石材专用胶进行修补，并使其尽量接近所用石材颜色。剪口位打磨，采用专用剪口研磨片对剪口位进行重点打磨，使其接近石材水平面。研磨抛光，采用水磨片由粗到细进行研磨，使地面光滑平整、晶粒清晰为宜。防护，利用专用的石材养护剂，使其充分渗透到石材内部并形成保护层（阻水层），从而达到防水、防污的目的。

大堂一层环廊墙面木纹转印铝板施工工艺

工艺条件

中庭大堂一层墙面铝板与图书馆外立面陶板均采用学校常用的中国传统色彩——褐红色，在视觉感官上给人以积极向上、催人奋进的冲击力。在设计上采用了内外相得益彰、相互呼应的理念，做到内外和谐与统一。大堂一层环廊墙面木纹转印铝板也是图书馆中庭大堂的施工亮点。

施工图纸设计，基层主龙骨采用 50mm×50mm 主龙骨，间距根据分割尺寸为 1500mm，次龙骨间距 500mm，龙骨上下端通过埋板与主龙骨固定。转印木纹墙面铝板下端设计 80mm 高、1.2mm 厚的不锈钢作为踢脚，铝板采用专用不锈钢挂件暗装的安装方式。墙体圆弧部位铝板采用专用机械设备加工的弧形板，弧形墙面板尺寸与大墙面尺寸相同。

工艺流程

节点深化→定位放线→埋件安装→竖向龙骨安装→横向龙骨安装→木纹转印铝板安装→不锈钢踢脚线安装

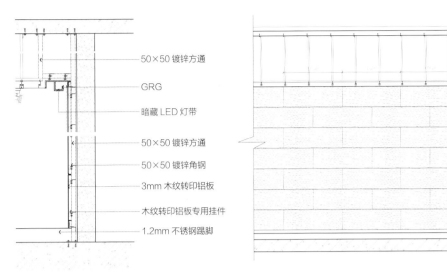

50×50 镀锌方通

GRG

暗藏 LED 灯带

50×50 镀锌方通

50×50 镀锌角钢

3mm 木纹转印铝板

木纹转印铝板专用挂件

1.2mm 不锈钢踢脚

铝板墙体剖面图

中庭大堂一层环廊墙面木纹转印铝板立面图

施工工艺

图纸深化　　根据墙板材料的板材特点、立面装饰效果及施工便捷性要求，对板材的立面分割进行图纸深化，尤其是对板材接口及埋件埋设方式和节点进行深化。

定位放线　　定位放线前首先对原有结构墙体的垂直度及位置进行测量，依据实测实量结果，按照图纸节点大样图，利用红外线水平仪定位功能，定位出墙体面层定位线为 100mm。根据装饰完成面，从外边线向内两侧 20mm 即为龙骨外边线，在地面用墨斗弹出黑线。依据墙面板材分割尺寸，放出竖向龙骨的定位线及水平龙骨的定位线。

埋板安装　　根据图纸尺寸及墙面板材的分割尺寸，放出埋板位置线，埋板尺寸为 120mm×120mm×8mm，埋板通过 4 根 ϕ12 螺栓与结构连接。

龙骨安装　　依据竖向龙骨定位控制线，先焊接 50mm×5mm 镀锌角钢作为连接角码与 120mm×120mm×8mm 镀锌钢板连接，将竖向 50mm×5mm 镀锌方钢主龙骨放置在竖向龙骨控制线上接在埋件上，焊接的焊缝高度为 6mm。经检查合格后，再按分块位置焊接水平 50mm×5mm 镀锌角钢横向龙骨，水平龙骨焊接前应根据板材高度尺寸放出位置控制线，挂件位置提前进行打孔，孔径一般应大于固定关键螺栓的 1～2mm，左右方向打成椭圆圆形，以便挂件的左右调整。检查水平高度和焊缝符合焊缝设计 6mm 后，将焊渣敲除并涂刷防腐漆，再次检查焊缝符合要求后再在焊缝上满涂防锈漆。

材料放样　　龙骨焊接完成后，要进行现场放样，为加工厂生产提供数据。

面板安装　　将 30mm 镀锌挂件用螺栓临时固定在横向水平龙骨的开孔处，安装时螺母朝上，同时应将平垫、弹簧垫安放齐全并适当拧紧。将第一层板材逐块进行试挂，位置不符合要求时调整挂件位置的左右使其符合要求。首先进行一层墙板材安装，对挂件进行逐一检查，如平垫、弹簧垫安放齐全则拧紧螺母。按照板材编号，从阳角处依次向两端顺序进行板材安装，每块板安装后，再用靠尺板找垂直、水平尺找平整、方尺找阴阳角方正，发现不合格的应进行修正，按上述方法依次逐层进行安装，板与板之间插口严密。

中庭大堂环廊铝方通安装

工艺条件

工程的重点与难点是大堂环廊采用铝方通吊顶，具有敞开的视野，且通风、透气，线条明快规整，层次分明，表现了图书馆的装饰风格、简约明晰的现代个性，装饰拆开简单便利，为环廊空间设计出更大的空间，创造出更独特美观的作品。方通的高低疏密加上合理的色彩搭配能够丰富装饰效果，把灯具、空调体系、消防设施置于顶棚板内，达到协调一致的完美视觉效果。

铝方通是单独的，可随意装置和拆开，便于保护和养护。同时便于空气的流转、排气、散热，能够使光线散布均匀，使整个大堂更加宽阔亮堂。大堂中庭圆柱石材与方通相交节点、方通水平接口平整顺直是工程的重点与难点。为了解决方通与圆柱石材相交节点处龙骨与石材接头缝隙大小不一的问题，在设计上使圆柱石材在吊顶以上部位回缩，把龙骨与石材的接头部位暗藏在内部，外观上看不出方通与圆柱接头间隙大小不一，为了解决方通接头不平整的问题，单独加工卡头。

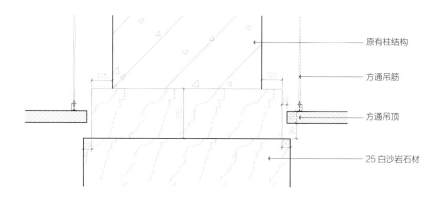

原有柱结构

方通吊筋

方通吊顶

25 白沙岩石材

柱体石材与方通吊顶节点

工艺流程

弹顶棚标高水平线、划龙骨分档线→固定吊挂杆件→50 主龙骨安装→50 副龙骨安装→ 100mm×70mm 铝方通安装→灯具安装

施工工艺

弹顶棚标高水平线、划龙骨分档线	用水准仪在房间各个墙（柱）角上抄出 +500mm 水平点弹出水准线，从水准线量至吊顶设计高度加上方通的厚度，用粉线沿墙（柱）弹出吊顶中龙骨、边龙骨的下皮线。按吊顶平面图，在混凝土顶板弹出主龙骨的位置。主龙骨宜平行于房间长向安装，一般从吊顶中心向两边分，间距以 1000mm 为宜。如遇到梁和管道固定点大于设计和规程要求，应增加吊杆的固定点。主龙骨距墙段不大于 300mm。
固定吊挂杆件	采用膨胀螺栓固定吊挂杆件。不上人的吊顶，吊杆长度小于或等于 1000mm 时，可以采用 ϕ6 的吊杆；大于 1000mm 时，应采用 ϕ8 的吊杆，还应设置反向支撑。吊杆可以采用冷拔钢筋或盘圆钢筋，但采用盘圆钢筋应用机械将其拉直。上人的吊顶，吊杆长度小于或等于 1000mm 时，应采用 ϕ10 的吊杆，并设置反向支撑。吊杆的一端同 ∟ 30mm×30mm×3mm，∟ =50mm 角钢焊接（角钢的孔径应根据吊杆和膨胀螺栓的直径确定），另一端可以用攻丝套出丝扣，丝扣长度不小于 100mm，也可以买成品丝杆与吊杆焊接。制作好的吊杆应做防锈处理。制作好的吊杆用膨胀螺栓固定在楼板上，用冲击电锤打孔，孔径应稍大于膨胀螺栓的直径。灯具、风口及检修口等应设附加吊杆。大于 3kg 的重型灯具、电扇及其他重型设备严禁安装在吊顶的龙骨上，应另设吊挂件与结构连接。
安装主龙骨	采用 C50 主龙骨，吊顶主龙骨间距在 1000mm 以内。安装主龙骨时，将主龙骨吊挂件连接在主龙骨上，拧紧螺丝，要求主龙骨端部在 300mm 以内，超过 300mm 的需增设吊点，接头和吊杆方向也要错开。并根据现场吊顶造型的尺寸，严格控制每根主龙骨的标高，随时拉线检查龙骨的平整度。中间部分应起拱，金属龙骨起拱高度不小于房间短向跨度的 1/200，主龙骨安装后及时校正其位置和标高。加强材

校庆展厅

料，吊杆距主龙骨端部距离不得大于 300mm, 当大于 300mm 时，应增加吊杆。当吊杆长度大于 1.5m 时，应设置反向支撑。当吊杆与设备相遇时，应调整并增添吊杆。主龙骨的接长应采取对接，相邻龙骨的对接接头要相互错开。相邻主龙骨吊挂件正反安装，以保证主龙骨的稳定性，主龙骨挂好后应调平。吊杆如设检修走道，应设独立吊挂系统，检修走道应根据设计要求选用材料。

安 装 副 龙 骨 副龙骨是方通专用卡槽龙骨，采用吊挂件挂在主龙骨上，龙骨间距为 300mm, 同时在设备四周必须加设次龙骨。与吊杆用专用吊卡或螺栓连接，用 T 形镀锌铁片连接件把次龙骨固定在主龙骨上时，在通风、水电等洞口周围应设附加龙骨，附加龙骨的连接用拉铆钉铆固或螺钉固定。全面校正主、次龙骨的位置及其水平度，连接件错开安装，通长次龙骨连接处的对接错位偏差不超过 2mm, 校正后将龙骨的所有吊挂件、连接件拧紧。

校庆荣誉展厅

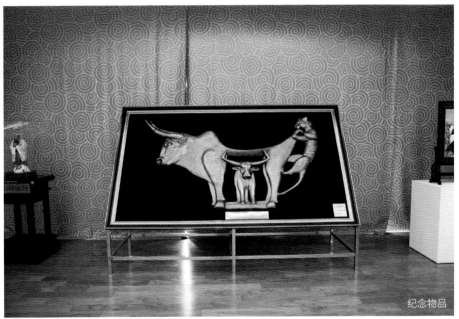

纪念物品

方 通 安 装　方通安装时先从靠墙边一侧向另一侧顺序安装，一行一行安装，安装时在墙上用木板固定一个支架，支架上架设红外线水平仪，打出水平标高线，在龙骨每行两端根据标高控制线通长拉一道小白线，作为安装时的标高控制线，龙骨接头处用专业龙骨接头卡连接。方通上的灯具、烟感、温感、喷淋头、风口、广播等设备的位置应合理、美观，与饰面的交接面应吻合、严密。做好检修口的预留，使用材料宜与母体相同，安装时应严格控制整体性、刚度和承载力。

北京乐多港游乐园综合体项目幕墙工程

项目地点

北京市昌平区城南街道南口路 29 号

工程规模

幕墙总面积 18000m²，合同金额 1652.03 万元，建筑最大高度 17.75m

建设单位

北京乐多港发展有限公司

前期商业地产策划顾问

RET 睿意德

开竣工时间

2015 年 1 月—2016 年 7 月

获奖情况

2017—2018 年度北京市建筑装饰优质工程、2017—2018 年度中国建筑工程装饰奖

社会评价及使用效果

北京乐多港假日广场，是北京全客层、广业态、多功能的立体式旅游、商业及文娱体验场所，集购物、餐饮、休闲、住宿、会议、文化娱乐体验等多功能于一体的旅游度假地。其凭借优越的地理位置，便捷的交通环境，正在成为北京乃至周边省市的黄金消费聚集地，引领昌平旅游产业升级，成为北京颇具国际都市旅游特色的新地标。游乐幕墙工程，秉自然灵秀之气，形神俱清，匠造馆群精品

入口大门

售票处

海底嘉年华外装饰

设计特点

乐多港假日广场通过以海洋文化为主题的空间设计，融入海洋沙滩、鲸鱼喷泉、新奇景观、明媚阳光等元素，让游客更大限度地享受与自然的亲密接触；将海洋主题装饰和中国文化元素有机结合，使游客在视觉和心灵上得到愉悦。功能场馆的主题鲜明，一馆一风格。好位置，好风景，空气好，近自然，尽享生活安宁。

魔幻农场外装饰

墙面不锈钢造型

玻璃幕墙

幕墙系统的结构设计

各幕墙系统概述：工程幕墙结构形式为构件式幕墙系统，为杆板式结构体系，杆与杆之间通过连接构成幕墙系统的支撑结构体系，板与支撑结构体系共同构成建筑物的外围护结构并承受自身的风荷载、地震作用、雪荷载及其他荷载或作用。荷载传递路线为饰面板—支撑结构体系—埋件—主体结构。所有硬性连接处均采用弹性连接，以提高幕墙的抗震性能，消除了伸缩噪声。为防止电化学腐蚀，钢件与铝型材之间均采用尼龙或橡胶垫。为防止温度应力造成的破坏，构件之间均留有伸缩缝。有消防要求的幕墙系统均根据防火分区的需要进行了防火设计。房间之间、楼层之间防火均按规范，使用 1.5mm 镀锌钢板和防火岩棉构成防火隔层，钢板表面涂防火涂料，安装时留有伸缩缝。构件式玻璃幕墙系统技术成熟，应用广泛，且能保证幕墙的使用功能，幕墙的强度、刚度、密封性、保温性、隔声性、抗震性均能得到较好保证，在全国各地得到普遍应用。

幕墙系统与主体的连接：整个幕墙系统通过立柱采用钢件夹持悬挂在主体上，这种连接形式使立柱形成拉弯状态的受力构件。夹持钢件为可调支座，能对幕墙杆件进行微量调节，安装工艺性好，易于保证幕墙平面度。

幕墙支撑结构系统：横梁和立柱均为构件，通过螺栓或施以焊接使横梁与立柱连接构成幕墙支撑结构体系。这种连接可靠、工艺成熟，被国内外广泛应用。幕墙支撑结构体系根据幕墙类别的不同选用钢件或铝材作为杆件。

饰面板及其与支撑结构体系的连接：饰面板自身通过与杆件胶结、焊接或拴接形成受力板块构件，再通过胶结或拴接与幕墙支撑结构体系连接。连接件作为幕墙系统的重要构件，是根据板与杆、杆与杆的材质和连接的强度要求选用的，主要有焊接、胶接、拴接（螺接）等方式。

玻璃幕墙系统

系统构造：玻璃幕墙为半隐框玻璃幕墙。玻璃幕墙采用热镀锌钢龙骨，外包铝合金型材，玻璃为 6Low-E+12A+6mm 钢化中空玻璃。采用国产优质结构胶、耐候胶，型材表面氟碳喷涂处理；玻璃传热系数 $K \leqslant 2.4W/(m^2 \cdot K)$。开启扇采用等压原理设计，通过结构设计密封的方式保证幕墙的水密及气密性。

系统特点：结构为幕墙类产品的通用技术，在世界各地得到普遍应用，技术成熟，

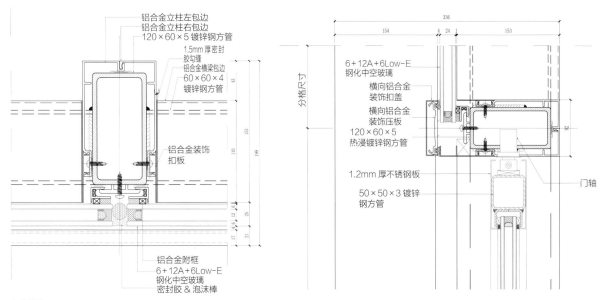

玻璃幕墙

且能保证幕墙的使用功能，幕墙的强度、刚度、密封性、保温性、隔声性、抗震性
均能得到较好保证。工艺性较好，对土建结构适应性较强。幕墙的立柱和横梁以单个
元件分别上墙，容易安装和调节，幕墙立柱以吊挂的方式安装在主体结构上。按照刚
度设计原则，幕墙立柱与横梁在风荷载标准值作用下，钢型材的相对挠度不应大于
L/250(L 为立柱或横梁两支点间的跨度)，以保证幕墙的安全性和使用功能。

金属幕墙系统设计

系统构造：金属幕墙系统的选择，遵循构造设计满足安全、实用、美观的要求，并
应便于制作、安装、维修和更换，以及清洁时方便与安全的原则。

结构连接：铝板幕墙龙骨采用 40mm×40mm×3mm 热镀锌钢方管，方管通过连
接角码与 120mm×60mm×5mm 钢方管连接 中梃与边框、中梃之间采用插件连接，
连接部位涂挤结构黏接用组角胶。

铝单板幕墙采用钢骨架，3mm 铝单板幕墙立柱与主体结构主要通过钢件连接，并可
进行调整，横梁与立柱连接，均为焊接。铝板通过角码固定在钢型材骨架上，外封
耐候胶，胶缝 16mm，铝板内加加强肋。通过角码固定可以让铝板辐射形伸缩，保
证铝板不发生平面变形。

结构为幕墙类产品的通用技术，在世界各地得到普遍应用，技术成熟，且能保障幕墙的使用功能，使幕墙的强度、刚度、密封性、保温性、隔声性、抗震性均能得到较好的保证。

设计合理：按照刚度设计原则，幕墙立柱与横梁在风荷载标准值作用下，钢型材的相对挠度不应大于 L/250(L 为立柱或横梁两支点间的跨度)，以保障幕墙的安全性和使用功能。

材料设计、使用、选择方案

铝合金结构材料：玻璃幕墙的铝型材均不低于高精级设计要求。选用国产优质铝型材，满足国家标准 GB/T 5237—2004 规定，铝型材表面喷涂氟碳。

玻璃：玻璃选用国产优质玻璃，玻璃幕墙为 6Low-E+12A+6 中空钢化玻璃。

硅酮密封胶：结构胶和密封胶，应符合《建筑用硅酮结构密封胶》GB 16776-97 和《硅酮建筑密封胶》GB/T 14683-2003 性能标准。同一幕墙工程应采用同一品牌的硅酮结构密封胶和硅酮耐候密封胶配套使用，并应有保证年限的质量保证书。隐框、半隐框玻璃幕墙玻璃与铝型材的黏结，必须采用中性硅酮结构密封胶。全玻幕墙和点支幕墙采用镀膜玻璃时不应采用酸性硅酮结构密封胶。硅酮接缝密封胶及金属用密封胶必须在有效期内使用。硅酮结构密封胶使用前，应经国家认可的检测机构进行与其相接材料的相容性和剥离黏结性试验，并对其邵氏硬度、标准状态拉伸黏结性能进行复检，复检不合格的产品不得使用；进口硅酮结构密封胶应具有商检报告。除全玻幕墙外不应在现场打注硅酮结构密封胶。

五金配件：选用国产优质五金件。后置埋件螺栓要求质量可靠。螺栓应采用不锈钢或热镀锌碳素钢。应进行承载力现场试验。采用的化学锚栓应为定型化学螺栓。膨胀螺栓应采用能防止膨胀片松弛的扩孔型锚栓或扭矩控制式膨胀型锚栓，不应选用锥体与套筒分离的位移控制式膨胀型锚栓。

分项工程

幕墙工程总面积 18000m^2，建筑按功能划分为文化长廊、轨道射击、飞行影院、儿童乐园、影视跳楼机、环境 4D、3D 过山车、3D 全球幕、黑暗乘骑、霍比特零售店、城墙卫生间、南瓜卫生间、宿舍楼、办公楼、灾难巨幕等 15 个工程单元。

乐园主入口工程

外观造型以中国的十二生肖轮转为设计形式，新颖独特。

为完美展现设计师的想法，在原钢结构上使用 8mm 厚钢板，按照比例每块放样，现场拼接满焊，焊缝使用砂轮机打磨光滑，再满刮原子灰找平打磨，喷两遍环氧富锌底漆做防腐处理，再满喷银灰色氟碳漆做面漆。

本幕墙分布比较零散，外形灵动，整体设计风格符合游乐园的主题要求。幕墙形式多样，转角、曲面很多，交界口交接缝多，这都增加了幕墙施工的难度。

大门细部处理

3D 过山车工程

3D 过山车馆外墙包含铝板幕墙、玻璃幕墙、金属格栅等形式。铝板幕墙使用 120mm×60mm 钢方管做竖向龙骨，60mm×40mm 钢方管做横向龙骨，面层为 3mm 厚氟碳喷涂铝板。玻璃幕墙竖向龙骨使用 120mm×60mm 钢方管为钢芯，外包铝合金型材，横向龙骨为 60mm×40mm 钢方管外包铝合金型材。这样既保证了外观可视性也保证了强度。铝合金格栅材料使用 100mm×50mm 铝合金材料固定在型材和铝板上。

金属幕墙施工工艺

为保证铝板幕墙的装饰效果，采用以下方式进行铝板的施工。

3D 过山车馆外观

过山车馆局部

龙 骨 安 装　（1）将纵龙骨与支座连接角钢连接，支座与预埋件连接，并调整、固定。按纵龙骨轴线及标高位将主梁标高偏差调整至不大于 3mm，轴线前后偏差调整至不大于 2mm，左右偏差调整至不大于 3mm。

（2）相邻两根纵龙骨安装标高偏差不大于 3mm，同层纵龙骨的最大标高偏差不大于 5mm。

（3）纵龙骨待埋件的安装校核完毕后就可进行。相邻的纵龙骨水平交差不得大于 1mm，同层内最大水平差不大于 2mm。

（4）纵龙骨找平、调整及横龙骨安装，主梁的垂直度可用吊锤控制，平面度由两根定位轴线之间所引的水平线控制，安装误差控制要求：标高为 ±3mm，前后为 ±2mm，左右为 ±3mm。

（5）纵龙骨与横龙骨相连接，要求安装牢固，接缝严密；相邻两根横龙骨的连接角码的水平标高偏差不大于 1mm；同一层连接角码安装应由下向上进行，当安装完一层高度时，应进行检查、调整、校正、固定，使其符合质量要求。

保温层、防火层 的 安 装　（1）保温棉安装：有两种安装方法，一种是安装在主体墙外侧，另一种是安装在幕墙框架内或直接附着在铝板背面。

① 先安装保温卡码：卡码打射钉连接固定在混凝土结构上；

② 粘胶钉：胶钉点胶水贴于卡码上；

③ 等胶水干后，把保温棉贴好，用胶钉扣扣紧，涂沥青涂黑。

当保温棉独立安装时，用胶钉将保温棉与加强筋固定好，在板块安装时同时安装，以免水淋湿保温棉与框架周边的封闭胶带。

（2）防火层安装：安装防火层时要注意上下楼板间的镀锌铁板要密封、牢固、美观，且所有的防火石棉严禁直接接触板块。防火层安装好之后要做好隐蔽签证。防火隔断是为防止层间蹿火而设计的，其依据是建筑设计防火规范。

① 先现场测量防火板的尺寸，整理好计算出下料尺寸并附加工图至加工厂，材料为镀锌铁皮；

② 将车间加工好的防火板按顺序就位放好，就位后的防火板一端打射钉连接固定在混凝土结构上；

③ 用角码把防火板的两侧方向固定在主梁上；

④ 防火板固定好后，检查是否牢固，是否有孔洞需要补；

⑤ 填塞防火棉，要填塞平整、密实，填塞防火棉需在晴天进行，并即时封闭，以免雨水淋湿；

⑥ 装上板块后，在板块与防火板之间的缝隙处打防火胶；

⑦ 安装完后做好完善的成品保护，做好隐蔽记录。

铝板安装

（1）铝板安装应将尘土和污物擦拭干净，并将胶缝侧面的保护膜撕掉，但板缝外的保护膜此时严禁揭开，以保护铝板面。

（2）对照设计分格图把该位置的铝板（铝板有标识）用自攻螺丝钉固定在骨架上，并调整好"三度"，再将其余螺丝钉固定，在安装过程中，做好产品保护，杜绝因划伤等造成返工。

（3）铝板与构件避免直接接触，单层铝板四周与构件凹槽底保持一定空隙，每块铝板在安装前应先把定位块用螺丝固定在主梁上，再把定位螺栓拧在定位块上，此时的螺杆应微调至准确位置。

（4）铝板周圈用与加劲肋焊在一起的挂钩与定位螺杆挂接，定位螺杆周围有一圈橡胶垫，起到摩擦与防止板块松动的作用。

（5）铝板幕墙四周与主体结构之间的缝隙，内外表面用密封胶连接密封，保证接缝严密不漏水；同一平面的铝板平整度要控制在 3mm 以内，嵌缝的宽度误差应控制在 2mm 以内。

耐候胶的嵌缝、封顶、封边

铝板材安装之后，应进行密封处理及对墙边、幕墙顶部、底部等进行修边处理。打密封耐候胶时应特别注意：充分清洁板材间间隙，不应有水、油渍、灰尘等，应充分清洁黏结面，加以干燥，可用二甲苯或甲基二丙酮作清洁剂。为调整缝的深度，避免三边粘胶，缝内应满填聚氯乙烯发泡材料（小圆棒）。打胶的厚度为 3.5 ~ 4.5mm，不能打得太薄或太厚。胶体表面应平整、光滑，玻璃清洁无污物。封顶、封边、封底应牢固美观、不渗水，封顶的水应向里排。

3D 全球巨幕工程

外墙形式为隐框玻璃幕墙、金属幕墙（饰面为光面不锈钢板和檐口铝板）。面层为光面不锈钢的金属幕墙是本工程的亮点，结构主体骨架为球形网架，辅助骨架使用方钢管焊接在连接球上，焊接位置在计算机上经三维放样确定，光面不锈钢面材异形加工全部为手工敲击制作，在安装前进行预拼，确保精度。建成后的不锈钢幕墙，视觉美艳，触感光滑，质感浑厚，工艺细腻，藏雕琢于天成之中。

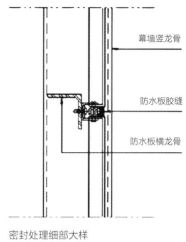

密封处理细部大样

3D 全球巨幕外观

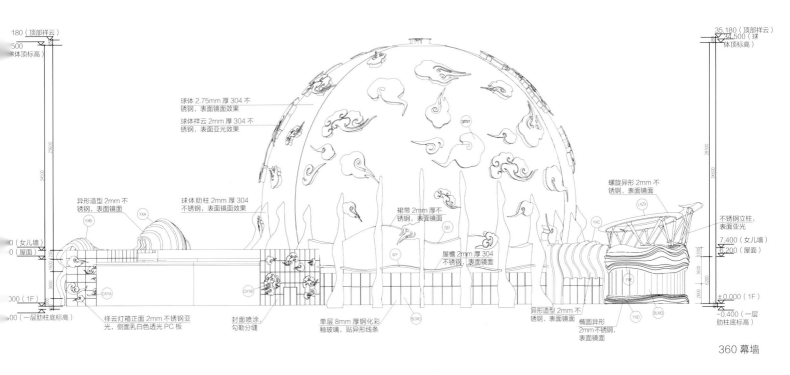

球体 2.75mm 厚 304 不
锈钢，表面镜面效果

球体祥云 2mm 厚 304 不
锈钢，表面亚光效果

异形造型 2mm 不
锈钢，表面镜面

球体肋柱 2mm 厚 304
不锈钢，表面镜面效果

裙带 2mm 厚不
锈钢，表面镜面

螺旋异形 2mm 不
锈钢，表面镜面

不锈钢立柱，
表面亚光

屋檐 2mm 厚 304
不锈钢，表面镜面

异形造型 2mm 不
锈钢，表面镜面

椭圆异形
2mm 不锈钢，
表面镜面

祥云灯箱正面 2mm 不锈钢亚
光，侧面乳白色透光 PC 板

封面喷涂
勾勒分缝

单层 8mm 厚钢化彩
釉玻璃，贴异形线条

360 幕墙

飞行影院工程

外墙形式为半隐框玻璃幕墙、金属幕墙（面层为铝板和穿孔铝板两种）、铝合金
装饰管造型、金属格栅、铝合金平开门等形式。该部位特有的穿孔铝板骨架使用
120mm×60mm 热镀锌钢方管作竖向龙骨，60mm×40mm 热镀锌钢方管作横向
龙骨，3mm 厚穿孔铝板作面层。外侧使用浅蓝色铝扣盖拼出变换线条。变截面外装
饰柱使用不锈钢板外喷涂氟碳漆加工而成，突出体现了游乐场的灵动、活泼。

框架玻璃幕墙安装工艺

工程主要为框架式玻璃幕墙，均采用铝合金龙骨框架。

施工顺序

测量放线→支座安装→主梁安装→横梁安装→防雷连接→防火层安装→玻璃安装→
打胶→清洗→验收

飞行影院外观

飞行影院入口

测 量 放 线　于开工前 10 天派测量人员进场，以每层的 500 线与轴线为基准线，进行放线并校核现场结构及埋件尺寸，确定主体结构边角尺寸后反馈给技术部，以尽早进行边角龙骨分格尺寸调整。

（1）选定每层的 0.5m 作为基准线进行放线。

（2）利用钢卷尺、经纬仪从原始轴线控制点、标高点引测辅助轴线。

（3）利用经纬仪、测距仪对辅助轴线进行尺寸和角度复核，确保偏差在允许范围内，并标识于层面。

（4）利用辅助轴线，依据纵向龙骨布置图，用钢卷尺、经纬仪定出每边边角龙骨外表中心位置和每边中部龙骨外表中心点，复核后标识于层面。

（5）利用激光铅垂仪从标识点向上垂直引测直至斜面层顶，校核后安挂定位钢丝，利用经纬仪进行双向正交校核后固定。

（6）水平控制依据《玻璃幕墙施工技术规范》要求，整幅水平标高偏差不大于 5mm。

（7）幕墙分格轴线的测量放线与主体结构的测量放线配合，对误差进行控制、分配、消化，不使其积累。

（8）每天定时校核，以确保幕墙的垂直及立柱位置的正确。

（9）放线的顺序，按土建方提供的轴线，经施工方复测后上、下放钢线，用经纬仪校核其准确性。幕墙支座的水平放线，每两个分格设一个固定支点，用水平仪检测其准确性，同样按中心放线方法放出主梁的进出位线。

（10）每层楼的支座位置由水平仪检测，相邻支座水平误差应符合设计标准。

主 梁 安 装　（1）将主梁通过不锈钢螺栓与支座相连接，支座再通过螺栓与埋件连接，并调整、固定。按主梁轴线及标高位将主梁标高偏差调整至不大于 3mm，轴线前后偏差调整至不大于 2mm，左右偏差调至不大于 3mm。

（2）相邻两根主梁安装标高偏差不大于 3mm，同层主梁的最大标高偏差不大于 5mm。

（3）主梁的安装顺序：幕墙主梁的安装，是从结构的底部向上安装，待埋件的安装校核完毕后就可进行。先对照施工图检查主梁的尺寸及加工孔位是否正确，然后将副件、芯套、支座、支撑板安装上主梁。主梁与支座接好后，先放螺栓，调整主梁的垂直度与水平度，然后上紧螺栓，相邻的主梁水平交差不得大于 1mm，同层内最大水平差不大于 2mm。

（4）主梁找平、调整：主梁的垂直度可用吊锤控制，平面度由两根定位轴线之间所引的水平线控制。

（5）安装误差控制：标高为 ±3mm，前后为 ±2mm，左右为 ±3mm。工程的主梁为每层楼一根，设两个点，主梁为吊装，上下主梁的连接用芯套，上下之间可自由伸缩。

横 梁 安 装 （1）主梁与横梁通过安装角码用螺丝相连接，要求安装牢固，接缝严密。

（2）相邻两根横梁的安装角码的水平标高偏差不大于 1mm。

（3）同一层安装角码安装应由下向上进行，当安装完一层高度时，应进行检查、调整、校正、固定，使其符合质量要求。

（4）调整好整幅幕墙的垂直度、水平度后，加固好主梁，然后进行横梁安装，保证框对角线误差不大于 1mm。

玻璃框（含开启扇）均在厂内制作，安装玻璃框时要严格按施工图确认每块玻璃的安装位置，从幕墙的顶部由上至下进行。

防火层的安装 安装防火层时要注意上下楼板间的镀锌铁板要密封、牢固、美观，且所有的防火石棉严禁直接接触板块。防火层安装好后要做好隐蔽签证。

玻 璃 安 装 （1）玻璃安装应将尘土和污物擦拭干净。

（2）玻璃与构件避免直接接触，玻璃四周与构件凹槽底保持一定空隙，每块玻璃下部不少于两块弹性定位垫块，垫块的宽度与槽口宽度相等，长度不小于 100mm，玻璃两边嵌入量及空隙符合设计要求。

（3）玻璃四周橡胶条按规定型号选用，镶嵌平整，橡胶条长度应比边框槽口长 1.5% ~ 2%，其断口留在四角，斜面断开后拼成一定的设计角度，并用黏结剂结牢固后，嵌入槽内。

（4）玻璃窗框两面采用压缩性聚氯丁橡胶连续密封垫（预先放置密封垫在窗门槽一面，然后压入密封垫于另一面），采用连续的"湿封"方法，确保完全防水。按照玻璃制造商的要求，提供足够的玻璃安装扣压位、玻璃边的间隙和表面间隙。

（5）玻璃幕墙四周与主体结构之间的缝隙，用防火保温材料填塞，内外表面用密封胶连接密封，保证接缝严密不漏水。

（6）同一平面玻璃平整度控制在 3mm 内，嵌缝的宽度误差控制在 2mm 以内。

封 顶 、 封 边 板材安装后，调整固定后进行密封处理并对墙边、幕墙顶部、底部等进行修边处理。封顶、封边、封底应牢固美观、不渗水，封顶的水应向里排。

清 洗 整体外装工程，应在施工完毕后，进行一次室内、室外全面彻底清洗，保证工程能圆满达到竣工验收优良等级。

轨道射击馆工程

幕墙包含铝板幕墙、铝镁锰板、玻璃幕墙、金属格栅、不锈钢玻璃栏板等形式。铝镁锰板幕墙使用 0.9mm 波浪板，深浅两色搭配，使立面视觉效果立体感更强，色彩更活泼，符合游乐园的主题思想。铝镁锰板使用 C100mm×60mm×20mm×3mm 镀锌 C 型钢为次檩条固定在原钢结构上，内侧使用 1.5mm 厚镀锌铁皮为背板，背板上铺设 200mm 厚岩棉作为保温层，岩棉上满覆盖无纺布作为隔声层，使用 0.9mm 厚直立锁边铝镁锰板作为外层板。

异形波浪铝板

不锈钢玻璃栏板使用 304 不锈钢柱作为支撑立柱，（6+1.14PVB+6）夹胶玻璃使用不锈钢驳接爪固定在立柱上。

黑暗骑乘馆工程

幕墙包含铝板幕墙、玻璃幕墙、金属格栅、不锈钢玻璃栏板、塑石等形式。该馆二层使用立体塑石、塑石壁垒，古朴经年之感跃然于馆形之上。

环境 4D，幕墙包含铝板幕墙、玻璃幕墙、金属格栅、不锈钢玻璃栏板等形式。该馆铝板局部呈异形波浪状，铝板加工前根据图纸标注角度放样，上下口的封堵铝板使用激光切割设备精准裁切，四块板拼装后使用氩弧焊接，焊缝打磨后喷漆。波浪形状凸显海洋寓意，给游人以置身水波浪花之中的意境。

影视跳楼机工程

灾难巨幕馆。幕墙形式有玻璃幕墙、铝板幕墙等形式。该馆玻璃幕墙使用 120mm×60mm、60mm×40mm 镀锌钢方管作为龙骨，外层玻璃使用 8mm 彩釉玻璃，按照设计师预先设计祥云图案喷涂，现场按照编号进行安装。

连廊和旋转楼梯工程

幕墙形式有点玻采光顶、不锈钢玻璃栏板、金属幕墙。该部位使用 50mm×50mm 方管做骨架焊接在原钢结构圆管上，不锈钢爪件焊接在钢骨架上，焊口及方管打磨平整后喷涂银灰色氟碳漆，采光顶面层使用（6+1.14PVB+6）夹胶玻璃。玻璃交接缝用 1mm 厚不锈钢板做挡水板。整个采光顶像波浪起伏，轻盈灵动。

一、二层连接的旋转楼梯外墙使用 3mm 厚铝板外包，龙骨使用 50mm×50 mm×4mm 镀锌方管龙骨，吊顶部位全部是放射形异形铝板，要求材料加工精度极高，安装时要确保板缝间平滑顺直，角度自然过渡。

海军总医院内科医疗楼精装修工程

项目地点
北京市海淀区阜成路 6 号

工程规模
总建筑面积 96374m²，精装修面积 23000m²，工程造价 4033 万元

建设单位
中国人民解放军海军总医院工程建设指挥部

装饰设计单位
苏州金螳螂建筑装饰股份有限公司

开竣工时间
2012 年 5 月—2013 年 4 月

获奖情况
2013—2014 年度北京市建筑装饰优质工程，2014—2015 年度中国建设工程鲁班奖（国家优质工程），2015—2016 年度中国建筑工程装饰奖

社会评价及使用效果
海军总医院内科医疗楼是践行国内"绿色医院"概念较早的项目之一，在推动绿色医院建设领域科学理念的创新与发展，促进新技术、新装备、新材料的应用等方面都有突出的贡献。整个装修工程为军队医院建设留下卒章显志、画龙点睛之笔，也为玉渊潭湖畔、钓鱼台国宾馆、白石桥南路和阜石路周围景观增添更多的都市魅力

海军总医院内科医疗楼

设计特点

海军总医院三期工程的内科医疗楼，设计范围为首层的南北大堂公共区域（含与首层大堂相连的二层大堂墙面）及九层到十二层，设计区域总面积 23000m²。九、十、十一层的平面功能相似，医办及其他公共区域布置相同。

军队医院设计，除了满足一般的综合医院要求外，还要满足军队特殊的设计要求。海军总医院是海军权威的现代化医疗保障基地，外观设计凸显海军特色，立面造型、内部功能布局结合医院未来的发展规划，设计符合现代医学的功能流程，同时注重交通流线的布局、人性化设计，注重医患环境的改善和提升，节省投资，突出军队医院的建设特点。

海军总医院内科医疗楼，城市化的建设目标是确立崭新的城市形象，为区域城市干道的重点工程和海军标志性建筑。融于城市，服从城市规划空间的要求，尊重城市设计的要求，呼应与加强周围的街道空间，沿街两侧为高大杨树和长排的住宅，故而长板型建筑物顺应了阜石路的布局形式，保持总院内建筑方向感一致；对称布局形成宏大的建筑气势，立面造型彰显了海军精神与大海之魂，平面方正，北侧弧形墙面与城市道路有机结合，显得和谐得体。

建筑整体体现了无限延展的横线条，粗犷有力，象征游弋在大洋中的航空母舰的甲板，略带弧线的造型体现了大海波澜壮阔的气势。北立面挺拔有力的实墙框架与丰富的玻璃幕墙形成结构体系，蕴含着无限的能量，彰显出威武之师的强大气场。内科医疗楼设计装饰装修工程的项目管理、施工和设计经验，实现了时尚、艺术、文化、科技、材料、施工和工艺的完美结合，体现了设计师对装饰装修敏锐和独到的领悟，使整个建筑灵秀毕现。

功能空间介绍

九至十二层病房总数量 163 间（套房按 1 间计算），其中大区职病房 20 间、师职病房 72 间、军职病房 46 间、双人病房 19 间、三人病房 6 间。

采光顶棚

木格栅装饰

大堂实景

南大堂

南大堂壁画装饰

楼之间的连廊

一层北大堂

空间简介

海军总医院内科医疗楼首层南北大堂空间垂直高度上的层次把握得当，建筑结构巧妙分隔，制造出公共空间的高远感，既满足了使用者对于空间的要求，又提升了医院开放式大型空间的安静度和舒适度。用传统的事物表现出现代建筑的效果，将自然的材料大量运用于医院的装修装饰中，不推崇豪华奢侈，不追求金碧辉煌，以淡雅节制、海天高远为境界。设计以海洋元素为主基调，海蓝色为主色，运用新型材料和新的工艺工法，突出装修工程中科技的含量，用创新的思维方式和信息交流的平台，在满足建设方需求的同时，创造出一个完美的绿色医院空间。工程项目无论是用材还是工艺都备受业内高度赞许。工程楼地面分别为 PVC 卷材楼地面、地砖楼地面、石材楼地面、橡胶地板楼地面等；墙面分别为无石棉穿孔硅酸钙吸声板墙面、涂料墙面、面砖墙面、合成树脂乳液涂料墙面、石材墙面；门窗工程主要为钢制复合门、钢质防火门、木质装饰门；顶棚分别为石膏板顶棚、铝板吊顶、矿棉板吊顶、无石棉穿孔硅酸钙吸声板顶棚等。

技术难点、重点及创新点分析

高大空间施工作业难度高，复合石材安装要求专业性强，不同材质碰口与过渡处理较为复杂，要求安全性和美观感兼顾，现场筹划采取效果倒推施工工艺的管理方法来组织施工。

石材地面铺装工艺

作业条件

室内抹灰(包括立门口)、地面垫层、预埋在垫层内的电管及穿通地面的管线均已完成。

工艺流程

准备工作→弹线→石材保护处理→选材→铺贴→擦缝→石材打蜡

施 工 准 备 工 作	房间内四周墙上弹好 +50mm 水平线。施工操作前应画出铺设大理石地面的施工大样图。以施工大样图和加工单为依据,熟悉了解各部位尺寸和做法,弄清洞口、边角等部位之间的关系。基层清理,将地面垫层上的杂物清净,用钢丝刷刷掉黏结在垫层上的砂浆并清扫干净。
弹 划 施 工 线	在房间的主要部位弹相互垂直的控制十字线,检查和控制石材板块的位置,十字线可以弹在混凝土垫层上,并引至墙面底部。依据墙面 +50mm 线,找出面层标高,在墙上弹好水平线,注意要与楼道面层标高一致。
石 材 试 拼	在正式铺装前,每一个房间的石材板块应按图案、颜色、纹理试拼,试拼后按两个方向编号排列,然后按编号码放整齐。
刷 水 泥 浆 结 合 层	在铺砂浆之前再次将混凝土垫层清扫干净,然后用喷壶洒水湿润,刷一道素水泥浆(水灰比 0.5),随刷随铺砂浆。
铺 砂 浆	按照水平线,定出地面找平层厚度,拉十字控制线,铺 1∶3 干硬性水泥砂浆(干硬程度以手捏成团不松散为宜)找平层。砂浆从里往门口处摊铺,铺好后用大杠刮平,再用抹子拍实找平。找平层厚度宜高出石材底面标高 3 ~ 4mm。
铺 石 材 板 块	根据弹线在地面预排,将色泽相近的拼在一起,避免过大的色差。观感总体效果最好时,对板进行编号并绘平面布置图,以便施工对号入座。一般房间应先里后外沿控制线进行铺设,即先从远离门口的一边开始,安装试拼编号,依次铺砌,逐步退至门口,铺前应将板材预先浸湿阴干后备用。先进行试铺,对好纵横缝,用橡皮锤敲击木垫板,振实砂浆至铺设高度后,将石材掀起移至一旁,检查砂浆上表面与板材之间是否吻合,如发现有空虚之处,应用砂浆填补,然后正式镶铺。先在水泥砂浆找平层上满浇一层水灰比为 0.5 的素水泥浆结合层,再铺石材板块,安放时四角同时往下落,用橡皮锤轻击木垫板,根据水平线用水平尺找平,铺完第一块向侧和后退方向顺序镶铺。石材板块之间接缝严密,一般不留缝隙。
擦 缝	在铺砌 1 ~ 2 昼夜后进行灌浆擦缝。选择石材相同颜色矿物颜料和水泥拌和均匀,调成 1∶1 稀水泥浆,用浆壶徐徐灌入石材板块之间的缝隙(分几次进行),并用长把刮板把流出的水泥浆向缝隙内喂灰。灌浆 1 ~ 2h 后,用棉丝团蘸原稀水泥浆擦缝,与板面擦平,同时将板面上的水泥浆擦净。然后面层加覆盖层保护。
打 蜡	当各工序完工不再上人时方可打蜡,达到光滑洁净。清洗干净后

的石材地面晾干擦净。用干净的布或麻纱沾稀糊状的成蜡，均匀涂在石材面上，用磨石机压磨，擦打第一遍蜡。然后用同样的方法涂第二遍蜡。采用进口新型设备和新型专用硬蜡施工，打蜡均匀，不露底色，色泽一致，表面干净。

施工技术要求

基层处理，将地面残留的砂浆、尘土清理干净，表面平整，无松散颗粒。根据图纸尺寸及排列要求弹基线及控制网格。石材保护处理，使用优质石材保护剂对石材六面进行保护处理，边角处经过裁切的部位重新补刷。通过保护处理，可有效防止返碱变色。

质量要求

石材的技术等级、光泽度、外观质量应符合国家现行行业标准的规定。石材有裂缝、掉角、翘曲和表面有缺陷的应予剔除；应根据石材的颜色、花纹、图案、纹理，在铺设前按设计要求试拼并编号。石材铺设前应浸湿、晾干；结合层与石材分段同时铺设，面层与下一层应结合牢固，无空鼓。面层表面的坡度应符合设计要求，不倒泛水、无积水；与地漏、管道结合处应严密牢固，无渗漏。

应注意问题

板面与基层空鼓：混凝土垫层清理不干净或浇水湿润不够，刷水泥素浆不均匀或刷完时间过长已风干，找平层用的素水泥砂浆结合层变成了隔离层，石材未浸水湿润等因素都易引起空鼓。预防措施为必须严格遵守操作工艺要求，基层必须清理干净，找平层砂浆用干硬性的，随铺随刷一层素砂浆，石材板块在铺砌前必须浸水湿润。

过口处石材活动：原因为铺砌时没有及时将铺砌门口石材与相邻的地面相接。预防措施为，工序安排上，石材地面以外的房间地面应先完成；过口处石材与地面连续铺砌。

石材变形缝要求：大面积地面石材的变形缝按设计要求设置，变形缝与结构缝的位置一致，且贯通建筑地面的各构造层。沉降缝和防震缝的宽度符合设计要求，缝内清理干净，以柔性密封材料填嵌后用板封盖，并与面层齐平。

病房区

空间简介

九层三人病房 6 间、军职病房 6 间、师职病房 10 间、双人病房 19 间；十层与十一层平面功能相同，军职病房共 40 间、师职病房共 62 间；十二层大区职病房 20 间并没干部保健科。

技术难点、重点及创新点分析

病房区大量使用了新型材料海基布。海基布是一种由玻璃纤维编制而成的壁布（简称玻纤壁布），被视为"墙涂料伴侣"，是一种集涂料、壁纸双重效果于一体的新

病房区头景

护士站

式墙面装饰材料，配合乳胶漆使用，大大提升了乳胶漆的表现力，克服了传统乳胶漆缺乏质感和单调的缺点，着重呈现凹凸肌理质感，是工程项目的亮点。

海基布的优点

环保性：玻纤壁布是一种由胶、壁布和涂料三者结合而成的全天然复合型装饰材料，它迎合了当代社会追求健康、环保、安全、完美的潮流，全部采用无害原材料，经高科技工艺制造而成，具有典雅优美的装饰效果和卓越的性能。

防火性：B1 级防火，天然不燃性，具有举世公认的安全性。

耐擦洗性：玻纤壁布具有令人难以置信的防水性，其秘密在于它内含分子防水膜层，赋予其耐洗刷、清洁方便的特性。玻纤壁布可耐洗刷 20000 次以上。

透气性好，防霉变：石英纤维纹之间的间隙具有很好的透气性，而专门为之配套的胶和涂料具有水分子透过性。因而，贴有玻纤壁布的墙体，即使在潮湿的环境中，湿气也很容易扩散，确保墙面不发霉、不变色。

抗开裂：玻纤壁布的胶和涂料是专门研制的，具有很高的抗撞击强度；而作为石英丝编织物的玻纤壁布，其韧性还可以起到防止墙体出现裂痕、墙面发生破裂的保护作用；而且任何昆虫和细菌对石英材料都无可奈何，玻纤壁布天生具有防虫咬的特性。

防腐蚀：由于玻纤壁布使用天然石英材料，具有天然的防酸性和抗碱性，加之配套的胶和涂料都具有稳定的防酸性和抗碱性，所以其表面涂料可承受任何化学清洗剂的腐蚀，无论使用酸性还是碱性的洗涤剂，都可放心地清洗墙面。

花纹立体，品种繁多：玻纤壁布有丰富的纺织花纹，可提供多样化的选择，每一种玻纤壁布的表面都呈现出不同的肌理，具有温馨而可触摸的质感和立体感。为玻纤壁布专门配套的色浆有多种多样，它们可以变幻成无限的丰富的色彩世界，像绘画一样独特而迷人，一切都可以自由自在地发挥，尽情表达个性。

不脱落：纤维布与涂料及胶紧密结合在一起，涂料及胶会渗入纤维组织，不会出现一般涂料及壁纸常易出现的脱落或开胶的问题。

安全无毒：依据欧盟最高安全标准生产，绝对无毒无味。

易维护：用户可以自己完成搭配，如有破损，可随意拼接修补。

海基布的施工工艺重点

海基布是墙面开裂的克星，使用涂料的房间经常出现墙面开裂，使用海基布装饰过的房间和顶面就不会出现开裂现象，且能够修补墙面已出现的细小裂缝，起到防止墙面发生破裂的保护作用。但海基布在施工中有特殊要求，是工程质量控制的重点。施工必须使用海基布墙面专用涂料，而不要选用一般墙面涂料，专用涂料与一般涂料有本质的区别。使用一般墙面涂料代替专用涂料会产生以下问题：鱼鳞状表面，布纹肌理不明显，光泽度差，耐擦洗性下降，不环保，发生化学反应释放有害物质及脱落等。

病房走廊

海基布墙面施工工艺

基层处理　（1）混凝土及抹灰基层处理。裱糊海基布的基层是混凝土面、抹灰面（如水泥砂浆、水泥混合砂浆、石灰砂浆等），要满刮腻子一遍打磨砂纸。但混凝土面、抹灰面有气孔、麻点、凸凹不平时，为了保证质量，应增加满刮腻子和磨砂纸遍数。刮腻子时，将混凝土或抹灰面清扫干净，使用胶皮刮板满刮一遍。刮时要有规律，要一板排一板，两板中间顺一板。既要刮严，又不得有明显接槎和凸痕。做到凸处薄刮，凹处厚刮，大面积找平。待腻子干固后，打磨砂纸并扫净。需要增加满刮腻子遍数的基层表面，先将表面裂缝及凹面部分刮平，然后打磨砂纸、扫净，再满刮一遍后打磨砂纸，处理好的底层应该平整光滑，阴阳角线通畅、顺直，无裂痕、崩角，无砂眼麻点。

（2）不同基层对接处的处理。不同基层材料的相接处，如石膏板与木夹板、水泥或抹灰基面与木夹板、水泥基面与石膏板之间的对缝，应用棉纸带或穿孔纸带粘贴封口，以防止裱糊后的面层被拉裂撕开。

（3）涂刷防潮底漆和底胶。为了防止海基布受潮脱胶，一般对要裱糊的墙面涂刷防潮底漆。防潮底漆用酚醛清漆与汽油或松节油来调配，清漆∶汽油（或松节油）为1∶3。该底漆可涂刷，也可喷刷，漆液不宜厚，且要均匀一致。涂刷底胶是为了增加黏结力，防止处理好的基层受潮弄污。底胶一般用108胶配少许甲醛纤维素加水调成，108胶∶水∶甲醛纤维素为10∶10∶0.2。底胶可涂刷，也可喷刷。在涂刷防潮底漆和底胶时，室内应无灰尘，且防止灰尘和杂物混入该底漆或底胶中。底胶一般是一遍成活，但不能漏刷、漏喷。

（4）基层处理中的底灰腻子有乳胶腻子与油性腻子之分，其配合比（重量比）如下：乳胶腻子∶白乳胶（聚醋酸乙烯乳液）∶滑石粉∶甲醛纤维素（2溶液）为1∶10∶2.5；白乳胶∶石膏粉∶甲醛纤维素（2溶液）为1∶6∶0.6；油性腻子∶石膏粉∶熟桐泊∶清漆（酚醛）为10∶1∶2；复粉∶熟桐油∶松节油为10∶2∶1。

吊直、套方、找规矩、弹线　（1）墙面：首先将房间四角的阴阳角通过吊垂直、套方、找规矩，确定开始的阴角后，按照壁纸的尺寸进行分块弹线（习惯做法是进门左阴角处开始铺贴第一张），有挂镜线的按挂镜线弹线，没有挂镜线的按设计要求弹线控制。

（2）操作方法：按海基布的标准宽度找规矩，每个墙面的第一条纸都要弹线找垂直，第一条线距墙阴角约 15cm 处，作为裱糊时的准线。具体做法是在第一条海基布位置的墙顶处敲进一枚墙钉，将有粉锤线系上，铅锤下吊到踢脚上缘处，锤线静止不动后，一手紧握锤头，按锤线的位置用铅笔在墙面划一短线，再松开铅锤头查看垂线是否与铅笔短线重合。如果重合，就用一只手将垂线按在铅笔短线上，另一只手把垂线往外拉，放手后使其弹回，便可得到墙面的基准垂线。弹出的基准垂线越细越好。每个墙面的第一条垂线，应该定在距墙角距离约 15cm 处。墙面上有门窗口的应增加门窗两边的垂直线。

计算用料、裁剪下料　按基层实际尺寸测量计算所需用量，并在每边增加 2 ~ 3cm 作为裁剪量。裁剪在工作台上进行。对有图案的材料，无论顶棚还是墙面均应从粘贴的第一张开始对花，墙面从上部开始。边裁边编顺序号，以便按顺序粘贴。对于对花墙纸，为减少浪费，应事先计算，如一间房需要 5 卷，则用 5 卷海基布同时展开裁剪，可大大减少海基布的浪费。

刷胶　由于现在的海基布一般质量较好，所以不必进行润水，在进行施工前给 2 ~ 3 块壁纸刷胶，使海基布起到湿润、软化的作用，海基布背面和墙面都应涂刷胶黏剂，刷胶应厚薄均匀，从刷胶到最后上墙的时间一般控制在 5 ~ 7min。刷胶时，基层表面刷胶的宽度要比海基布宽约 3cm。刷胶要全面、均匀、不裹边、不起堆，以防溢出弄脏海基布。但也不能刷得过少，甚至刷不到位，以免壁纸黏结不牢。一般抹灰墙面用胶量为 0.15kg/m² 左右，纸面为 0.12kg/m 左右。海基布背面刷胶后，应使胶面与胶面对叠，以避免胶干得太快，也便于上墙，并使裱糊的墙面整洁平整。

裱贴　（1）裱贴海基布时，首先要垂直，后对花纹拼缝，再用刮板用力抹压平整。原则是先垂直面后水平面，先细部后大面。贴垂直面时先上后下，贴水平面时先高后低。裱贴时剪刀和长刷可放在围裙袋中或手边。先将上过胶的海基布下半截向上折一半，握住顶端的两角，在四脚梯或凳上站稳后。展开上半截，凑近墙壁，使边缘靠着垂线成一直线，轻轻压平，由中间向外用刷子将上半截敷平，在海基布顶端作出记号，然后用剪刀修齐或用壁纸刀将多余的海基布割去。再按上法同样处理下半截，修齐踢脚板与墙壁间的角落。用海绵擦掉沾在踢脚板上的胶糊。海基布贴平后，3 ~ 5h 内，在其微

大区职病房会客室

干状态时，用小滚轮（中间微起拱）均匀用力滚压接缝处，这样做比传统的有机玻璃片抹刮能有效地减少对海基布的损坏。

（2）裱贴海基布时，注意在阳角处不能拼缝，阴角边海基布搭缝时，应先糊压在里面的转角海基布，再粘贴非转角的正常海基布。搭接面应根据阴角垂直度而定，搭接宽度一般不小于 2～3cm，并且要保持垂直无毛边。

（3）裱糊前应尽可能卸下墙上电灯等开关，首先要切断电源，用火柴棒或细木棒插入螺丝孔内，以便在裱糊时识别，以及在裱糊后切割留位。对不易拆下的配件，不能在壁纸上剪口再裱上去。操作时，将海基布轻轻糊于电灯开关上面，并找到中心点，从中

心开始切割十字，一直切到墙体边。然后用手按出开关体的轮廓位置，慢慢拉起多余的海基布，剪去不需要的部分，再用橡胶刮子刮平，并擦去刮出的胶液。

（4）除了常规的直式裱贴外，还有斜式裱贴，若设计要求斜式裱贴，则在裱贴前的找规矩中增加找斜贴基准线这一工序。具体做法是：先在一面墙两个墙角间的中心墙顶处标明一点，由这点往下在墙上弹一条垂直的粉笔灰线。从这条线的底部，沿着墙底，测出与墙高相等的距离。由这一点再和墙顶中心点连接，弹出另一条粉笔灰线。这条线就是一条确实的斜线。斜式裱贴海基布比较浪费材料。在估计数量时，应预先考虑到这一点。

（5）破损修补：用一块大于破损处的同样花纹的壁布，仔细拼对花纹后，不可移动，用小刀裁出一块大于破损面积的圆洞，补足胶后，将新壁布贴上。如果是旧壁布，可补一次涂料。补胶做法是在缺少胶的壁布处，切开相应长度的一个口，用小刷子将胶补在壁布后面，再贴紧。

补充说明

因海基布的底胶和涂料全部为环保的生物制胶，所以要求温度为5℃～40℃，且湿度不大的贮存条件。不可结冻，否则不能使用。海基布幅宽比一般壁纸大，工序简单，施工速度较快，所以装贴前施工场地应干净、干燥，墙基平整。对以铁或铝合金为基底的墙基，在裱贴海基布前要做防锈处理。海基布可用作画布，涂料和颜料可作画。计算机自动配色机调色，以保证涂料颜色标准的统一。

底胶的特点是与海基布上的浆体能够产生化学反应，非常紧密地结合为一体；由天然物质制成，对人体无害。涂料的特点是有硫酸钡成分，可起到阻燃作用；与海基布表面形成紧密的分子结构，水不能以液态形式透过，透气性好；覆盖力强；耐水擦洗可达千次，且防污性好；属环保型涂料，对人体无害。

因产品属天然材料，故对于施工现场的温度有一定要求：施工现场温度在5℃以下的，不宜施工（可在采取人为升温之后施工）；施工现场温度在5～15℃的，注意保温，务必关好门窗，注意不能让室外的冷风吹到未干透的墙面；施工温度在15℃以上的，可适当通风。施工过程中，每一步都要干透。涂刷每一遍涂料之前必须充分搅拌（用电动搅拌器），否则将会影响海基布表面效果。

交通银行（合肥）金融服务中心精装修工程

项目地点

安徽省合肥市滨湖新区西藏路与嘉陵江路交口东北角

工程规模

总建筑面积 40000m²，装修总面积 36000m²，合同造价 4300 万元

建设单位

交通银行股份有限公司

装饰设计单位

上海同济室内设计工程有限公司

开竣工时间

2015 年 6 月—2017 年 5 月

获奖情况

荣获 2018 年度"中国建筑工程装饰奖"

社会评价及使用效果

被誉为"安徽省最美、最有特色的金融服务中心"，是交通银行基建史上的优秀代表作之一。交通银行（合肥）金融服务中心以其清新的装饰装修风格、庭院式绿化、人性化服务和科技进步支持，赢得了社会各界人士的一致好评和赞誉

交通银行金融服务中心远景

设计特点

交通银行金融服务中心（合肥）项目，建筑总面积 40000m²，地上 6 层，地下 2 层，设计功能为业务办公楼，首层有挑高两层的入口大堂、180 人会议室、客服办公区，一至五层包括客服办公区、培训室、班前会议室、休息区。六层为高管办公室及客服办公区。大堂北侧可通往招聘区与会议培训区，东西两侧通过闸机可进入办公区域。办公层强调简洁明快，追求富有效率感的明亮宽敞的办公环境；高管层强调精致简约大气。

装修设计手法在体现金融类办公建筑稳重大气的基础上，融入了现代建筑精致、简洁、流畅的时代元素，塑造了交通银行的崭新形象。设计注重对空间尺度的控制，首先是统一了室内空间的模数，其次是突出装修造型的艺术境界，制造了音乐般的起伏感和空间变化节奏。所有的变化都以功能为依据，注重对材料色彩、质感的控制与协调。当室内空间由公共空间向私密空间过渡时，材料也随之由硬质向软质转变，辅以灯光的色温对空间气氛产生影响。随着私密性与尊贵性的提高，灯光色温逐渐提升，光线柔美淡雅。通过多种设计元素的应用与平衡，探求和塑造优雅与合理的室内空间。

电梯厅

休息区

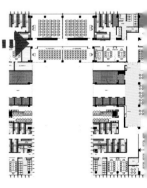

会议区走廊

功能空间介绍

（平面示意图）

大堂

空间简介

大堂位于业务楼的中心位置，连接东西两侧电梯厅，从此部位可以通向各功能区，大堂整体采用亮色系的设计风格，给人带来强烈的视觉冲击。采用白玉兰石材地面，与立面及顶面颜色协调一致，电梯厅墙面采用大型绘有徽派建筑图案的艺术玻璃，与所处地理环境形成风格上的契合。二层阳台采用双层夹胶玻璃栏板，阳台栏杆采用304拉丝不锈钢。

大堂顶面叠级铝板与高挑空间创造出丰富的层次感，配上充足的灯光效果，带来高远大气的视觉效果。作为业务楼主入口的大堂，应用现代主义设计手法，顶面选用白色的蜂窝铝板，墙面选用米色仿罗马洞石瓷砖，地面选用白玉兰大理石，通过三种材料色彩和质感的合理搭配，营造出线条流畅、风格硬朗又不失灵动的室内空间。

主要材料：地面采用25mm白玉兰大理石，墙面采用600mm×1200mm仿罗马洞石瓷砖及雕刻艺术玻璃，顶面采用白色蜂窝铝板。

技术难点、重点及创新点分析

墙面干挂仿罗马洞石瓷砖，施工层高达8.9m，高处作业增加了施工的难度，为满足墙面接缝平整度的要求，块料之间接缝的平整度控制是工程的难点之一。顶面为蜂窝铝板叠级造型，单块铝板尺寸普遍达到3.2m×1.5m，在高空作业条件下，板块安装满足规范要求也同样是工程的一个难点。

针对墙面干挂仿罗马洞石瓷砖缝隙控制的方法及措施：安装前应对基层作外形尺寸的复核，偏差较大的事先要剔凿或修补；旋紧挂件要力度合适，注意避免角码与连接板在旋紧时产生滑动或因旋紧力不够引起松动；块料端面钻孔严格要求，当块料厚薄有差异时，以块料的外装饰面作为钻孔的基准面；每完成一面干挂作业，均应作几何尺寸和外观的复核，及时调校，保证后面可继续作业。

针对顶面蜂窝铝板安装的控制方法和措施：由于涉及大量大规格的铝板，材料采用

卫生间

大培训室

贵宾室

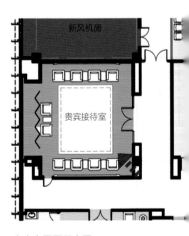

贵宾室平面示意图

现场实测、实量与 BIM 技术模型相结合的方式下单加工；整体采用满堂盘扣式脚手架进行施工作业，亦可同时进行顶棚及墙面的施工作业，同时作为测量放线的基准平台，为项目流水施工创造了便捷。

由于整个场馆跨度大，以及蜂窝铝板吊顶和钢龙骨挠度的客观存在，为尽量减小下沉挠度对吊顶装饰面层平整度的影响，采用现场局部预起拱的方法，将钢龙骨两端固定，用千斤顶在龙骨跨中的部位顶起，停顿 20min，使钢龙骨形成 1.5 ~ 1.8cm 起拱值。

蜂窝铝板安装时，依照面板控制线从中间向一个方向依次逐条安装，配合吊顶的扣件用螺栓固定到龙骨骨架上；铝板面板与钢龙骨间的接触面采用绝缘片做隔离处理，以防止接触面产生电化学腐蚀。

大面积面板安装完毕后，由于重量的变化将会再次使钢龙骨产生挠度变化，造成面板局部平整度出现偏差；等待变形稳定后，再次到面板上部对面板进行调平工作，消化钢龙骨变形对面板平整度的影响。

大堂脚手架搭设施工工艺

脚手架搭设工艺

工程脚手架均采用 ϕ48mm×3.0mm 钢管扣件搭设，为满堂架形式。满堂脚手架搭设长 23m、高 8.1m、宽 20m，立杆纵距 1.5m、横距 1.5m、步距 1.8m。工作面满铺竹笆板。在北面 1 ~ 2 轴之间，满堂架的中部搭设安全通道，安全通道宽 3m，顶部设置斜向支撑保证架体稳固。满堂架搭设人行及材料运输的斜道，斜道宽度不小于 1.5m，坡度不大于 1：6。满堂架连墙件主要用钢管，与主体结构柱采用刚性连接方式。

搭设工艺流程：测量放线→竖立管并同时安装扫地杆→搭设水平杆→搭设剪刀撑→铺竹笆脚手片→搭挡脚板和栏杆。

构造要求和安全技术条件：总安全系数（按允许应力计算）不小于 3，横杆的允许挠度不大于杆长的 1/150，立杆的垂直偏差不大于立杆全长的 1/200。

搭设标准：横平竖直，连接牢固，底脚着实，支撑挺直，通畅平坦，安全设施齐全、牢固；脚手架主要受力杆件，如立杆、横杆和剪力撑等，在同一建筑立面必须使用同一材质的材料。

脚手架的搭设顺序和要求

脚手架的搭设顺序为立杆→横杆→剪刀撑→竹芭脚手板→栏杆。

每根立杆铺设时应准确地放在定位线上，立杆搭设时，立杆各向间距按照计算结果确定并实施，立杆接长除顶层顶步可采用搭接外，其余各层各步接头必须采用对接扣件连接。

对接、搭接应符合下列规定：立杆上的对接扣件应交错布置，两根相邻立杆的接头不应设置在同步内，同步内隔一根立杆的两个相隔接头在高度方向错开的距离不宜小于 500mm。各接头中心至主节点的距离不宜大于步距的 1/3。搭接长度不应小于 1m，应采用不少于 2 个旋转扣件固定，端部扣件盖板的边缘至杆端距离不应小于 100mm。立杆搭设时相邻立杆的对接扣件不得在同一高度内，错开距离应符合对接规定。

脚手架底部必须设置横向扫地杆

扫地杆应采用直角扣件固定在距底座上皮不大于 200mm 处的立杆上。横向水平杆的构造长度不宜小于 3 跨；横向水平杆接长宜采用对接扣件连接。对接要求应符合下列规定：对接扣件应交错布置，两根相邻水平杆的接头不宜设置在同步或同跨内；不同步或不同跨两个相邻接头在水平方向错开的距离不应小于 500mm；各接头中心至最近主节点的距离不宜大于纵距的 1/3。

剪刀撑安装

架体四周应设置由底至顶的连续剪刀撑，每组剪刀撑跨越立杆根数约 5 根。剪刀撑斜杆应与立杆和伸出的横向水平杆进行连接；剪刀撑斜杆的接长均采用搭接，搭接要求同立杆搭接规定。剪刀撑斜杆应用旋转扣件固定在与之相交的水平杆的伸出端或立杆上，旋转扣件中心线至主节点的距离不宜大于 150mm。在架体底部、顶部及竖向间隔不超过 8m 分别设置连续的水平剪刀撑。剪刀撑宽度为 6 ~ 8m，应随立杆、横向水平杆等同步搭设。

脚手板铺装

脚手架搁栅上满铺竹笆板时，竹笆板四角应用 18 号铅丝同牵杠扎牢，施工操作中靠墙面部位应铺脚手板，脚手板离墙面不得大于20cm，其端头应伸出搁置点横楞10～20cm，并应重叠搁置，没有重叠处应用铅丝将脚手板与搁置点绑牢。

防护栏杆安装

防护栏杆应搭设在外立杆内侧，上栏杆上皮高度应为1.2m。

脚手架搭设要求

严格按照设计尺寸搭设，立杆和水平杆的接头均应错开在不同的框格层中设置；确保立杆的垂直偏差和横杆的水平偏差小于《扣件架规范》的要求；确保每个扣件和钢管的质量是满足要求的，每个扣件的拧紧力矩都要控制为45～60N·m，不能选用已经发生变形的钢管。

验收标准

脚手架搭设完工，应检查验收合格后方可使用。在工程施工过程中应有人管理，负责检查、保修工作。脚手架上控制施工荷载值不大于1.5kN/m^2。脚手架应定期进行沉降测量，发现问题应及时报告并立即采取措施。

脚手板采用竹笆片，在操作层四周应设置防护栏杆。脚手板设置在三根横向水平杆上，并在两端8cm处用直径1.2mm的镀锌铁丝箍绕2～3圈固定。脚手板应平铺、满铺、铺稳，接缝中设两根小横杆，各杆距接缝的距离均不大于15cm。避免出现探头及空挡现象。

脚手架外围要满挂密目安全网，以防止人员随便进入。密目网采用1.8m×6m的规格，用风绳绑扎在横杆外侧、立杆里侧。脚手板应铺设牢靠、严实，并应用安全网双层兜底，施工层以下每隔10m应用安全网封闭。作业层外围设防护栏杆。

满堂架连墙件主要用钢管，与主体钢结构柱采用刚性连接方式。连墙件设置要求按两步三跨设置，宜靠近主节点，偏离主节点的距离不大于300mm；应从底层第一步纵向水平杆处开始设置，当该处设置有困难时，应采用其他可靠措施固定；连墙件中的连墙杆宜水平设置，当不能水平设置时，与脚手架连接的一端应下斜连接，不应采用上斜连接。

地面大理石安装施工工艺

测 量 放 线　项目开工进场后，测量放线小组通过书面及现场接收总包移交的平面控制线及标高控制线，及时进行复测，将测量复核结果形成验线报告反馈至总包及监理等单位。根据总包单位移交的标高线核对图纸，与设计及总包等各单位协商确定出装饰 1000mm 水平线，现场进行放样，并在四周的墙、柱上弹出水平控制线。其允许误差应符合每 3m 两端高差小于 ±1 mm，同一条水平线的标高允许误差为 ±3 mm。平面应放轴线、墙面弹 50 控制线，吊顶前，应放出各段的控制线，并在端部用油漆做出醒目标志，作为吊顶前和造型后校正的依据。顶棚跌级造型的定位，以地面中线坐标定位后，将顶棚跌级造型投影在地面上进行放线。

试 拼 编 号　大堂石材在正式铺贴前，按下单编号码放整齐。

基 层 处 理　把黏在基层上的浮浆、落地灰等用錾子或钢丝刷清理掉，再用扫帚将浮土清扫干净。

铺 设 结 合 层 砂 浆　铺设前应将基底润湿，并在基底上刷一道水泥浆或界面结合剂，随刷随铺设搅拌均匀的干硬性水泥砂浆。

铺 设 石 材　将石材放置在干拌料上，用橡皮锤找平，之后将石材拿起，给干拌料浇适量素水泥浆，同时在石材背面涂厚度约 1mm 的素水泥膏，再将石材放置在找过平的干拌料上，用橡皮锤按标高控制线和方正控制线坐平坐正。

铺设控制砖　铺石材时应先在房间中间按照十字线铺设十字控制砖，之后按照十字控制砖向四周铺设，并随时用 2m 靠尺和水平尺检查平整度。大面积铺贴时应分段、分部位铺贴。

弹出分格线　如设计有图案要求时，应按照设计图案弹出准确分格线，并做好标记，防止出现差错。

养　　护　当石材铺贴完 24h 内应开始浇水养护，养护时间不得小于 7d。

勾　　缝　当石材的强度达到可上人的时候，采用稀水泥浆或彩色水泥浆进行勾缝。

石 材 结 晶　（1）石材地面完成面清理。进行石材地面结晶处理之前，铺贴完成面整体平整，无色差，每块石材之间对角平齐，对地面进行整体清理，用干燥清洁的拖把清理干净，然后再用吸尘器将地面灰尘清除，达到无沙粒、杂质的状态。

（2）石材缝隙云石胶修补。整体清理完成，使用（雅伦进口）云石胶对每块石材上面小的斑点进行修补，石材之间的缝隙用小抹子修

小会议室

补、嵌平，而后使用小块干净抹布对完成部分进行逐块清洁，洞石中的石膏粉必须清理干净；云石胶修补后必须等胶干透才可以做下道工序。

所谓无接缝研磨处理即在已铺设好的石板相邻间隙中，以颜色与石板近似的特殊填缝剂予以填隙处理后，再利用专业机具与技术加以研磨、抛光处理。经由这种方式处理过后，石板会呈现大片、整体没被分割的石材美感。

（3）整体地面研磨。待云石胶干燥以后，使用打磨机对整体地面进行打磨，整体横向打磨，重点打磨石材间的嵌缝胶处（石材之间的对角处）以及靠近墙边、装饰造型、异型造型的边缘处，保持整体

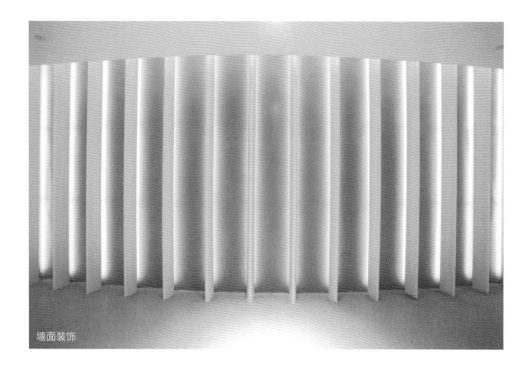

墙面装饰

石材地面平整。完成第一遍打磨后，重新进行云石胶嵌缝，嵌缝完成继续进行第二次打磨；再用地台翻新机配上钢金石水磨片由粗到细（150目、300目、500目、800目、1000目、1500目、2000目），共需完成七次打磨，最终打磨至地面整体平整、光滑，再采用钢丝棉抛光，抛光度达到设计要求的亮度（80度），石材之间无明显缝隙。

（4）地面干燥处理。打磨完成，先使用吸水机对地面的水分进行吸附处理，同时使用吹干机对整体石材地面进行干燥处理，如果工期允许的话，也可以使用自然风干，保持石材表面干燥。

（5）地面结晶处理。地面边洒K2、K3药水，边使用多功能洗地机转磨，使用清洗机配合红色百洁垫，将K2、K3药水配合等量的水洒到地面，使用175转/分钟擦地机负重45kg开始转磨，热能的作用使晶面材料在石材表面晶化后形成镜面效果。

（6）整体地面养护处理。如果是空隙度大的石材（砂岩、洞石等）要进行大理石防护剂涂刷，12h后，再用洗地机在地面交替完成K2、K3药水转磨，即K2—K3—K2—K3—K2共五遍，再换上白色抛光垫，喷上少量的K1药水，重新抛磨一次，以此增加整个地面的晶面硬度。

（7）地面清理养护。当石材表面结成晶体镜面后，使用吸水机吸掉地面的残留物、水分，最后使用抛光垫抛光，使整个地面完全干燥，光亮如镜，如果局部损坏可以进行局部保养。

墙面仿罗马洞石安装施工工艺

材料准备　首先用比色法对仿罗马洞石的颜色进行挑选分类，安装在同一面上的仿洞石的颜色保持一致，并根据设计尺寸和图纸的要求，将专用模具固定在台钻上，对仿洞石进行打孔。随后在仿洞石背面刷 AB 胶，在刷第一遍胶前，先把编号写在仿洞石上，并将仿洞石上的浮灰及杂污清除干净。

放线　从所在施工面部位的两端，由上至下吊出垂直线，投点在地面上或固定点上。找垂直时，一般按板背与基层挂装板材的基准，基层立面上按板材的大小和缝隙的宽度，弹出横平竖直的分格墨线。

安装仿罗马洞石底层板　先根据固定在墙上的不锈钢锚固件位置，安装底层仿洞石。将仿洞石背板和锚固件固定销对位安置好，然后利用锚固件上的长方形螺栓孔，调节仿洞石的平整、垂直度及缝隙。再用锚固件将仿洞石固定牢固，并且用嵌固胶将锚固件填堵固定。

安装上行板　先往下一行板的背板槽内注入嵌固胶，擦净残余胶液后，将上一行仿洞石按照安装底层板的方法就位。

蜂窝铝板吊顶安装施工工艺

脚手架满铺板　首先将满堂脚手架上铺满模板，与脚手板固定结实，在木板上满刷白色乳胶漆，方便弹线。

转换层　转换层系统采用 ∟ 50 型镀锌角钢进行焊装，横纵向间距 2000mm，底部水平钢架间距 1200mm，与结构采用双 ϕ 12 膨胀螺栓进行固定。

安装吊杆　根据图纸要求和现场情况确定吊杆的长度和位置，吊杆采用 ϕ 12 钢筋。吊杆安装在转换层横向龙骨上，采用双螺母固定。吊点间距 900mm 以内，下端与吊件连接，以便调节吊顶标高和起拱，安装完毕的吊杆端头外露长度不小于 10mm。当吊杆与设备相遇时，应调整吊点构造或增设角钢过桥，以保证吊顶质量。

主龙骨　采用 C60 主龙骨，吊顶主龙骨间距为 1000mm 以内。安装主龙骨时，将主龙骨吊挂件连接在主龙骨上，拧紧螺丝，要求主龙骨端部在 300mm 以内，超过 300mm 的需增设吊点，接头和吊杆方向也要错开。根据现场吊顶造型的尺寸，严格控制每根主龙骨的标高，随时拉线检查龙骨的平整度。中间部分应起拱，金属龙骨起拱高度不小于房间短向跨度的 1/200，主龙骨安装后及时校正其位置和标高。加强材料要求：吊杆距主龙骨端部距离不得大于 300mm，当大于 300mm 时，应增加吊杆；当吊杆长度大于 1.5m 时，应设置反支撑；当吊杆与设备相遇时，应调整并增添吊杆。

副 龙 骨 副龙骨采用相应的吊挂件固定在主龙骨上，50 型副龙骨采用吊挂件挂在主龙骨上，间距为 300mm，同时在设备四周必须加设次龙骨。

龙 骨 校 正 全面校正主、次龙骨的位置及其水平度，连接件错开安装，通长次龙骨连接处的对接错位偏差不超过 2mm，校正后将龙骨的所有吊挂件、连接件拧紧。

蜂窝铝板安装 将板材加工折边，在折边上加上铝角，再将板材用拉铆钉固定在龙骨上，可以根据设计要求留出适当的缝隙，模块式铝板顶棚应增加专用龙骨，主龙骨间距不大于 1000mm，金属板吊顶与四周墙面所留空隙用金属压条与吊顶找齐，金属压缝条的材质宜与金属板面相同；饰面板上的灯具、烟感器、喷淋头、风口篦子等设备的位置应合理、美观，与饰面的交接应吻合、严密，并做好检修口的预留，使用材料宜与母体相同，安装时应严格控制整体性、刚度和承载力；大于 3kg 的重型灯具及其他重型设备严禁安装在吊顶的龙骨上。

客服办公区

空间简介

客服办公区位于大厦一层，面积 700m²，整体布局清新时尚。设置银行专属柜台窗口、2 个等候区、VIP 服务区、填单区、咨询台、电子柜员区、公示公告墙、饮水处和紧急疏散口。主要功能区设计采用简洁、明快、实用、对称的空间布局，空间相互穿插渗透，突出了现代办公环境讲究效率的特性。

主要装饰材料构成：地面为方块地毯，墙面为石膏板刮白乳胶漆，顶面为白色蜂窝铝板。

技术难点、重点及创新点分析

技术难点、重点分析

客服办公区部位铝板吊顶属于大开间办公室吊顶，施工面积大，对于板面的平整度

客服办公区

及收头控制是本工程的难点。 客服办公区位于楼层的两侧,设计时充分考虑到装饰材料声学吸声的特点,采用地毯、蜂窝铝板能使此区域达到理想的吸声效果。

解决的办法及措施

幕墙处石膏板与铝板连接处采用"W"形收边条收头,预留一条装饰槽,既保证装饰美观又保证后期不会因不同材质密拼而出现裂缝等。

通过柱子边铝板收头节点深化，明确柱边铝板与"W"收边之间的关系，保证铝板与"W"收边条拼缝严密，不产生错缝或不齐等现象。

吊顶四周的标高线应准确地弹到墙上，其误差不大于 ±5mm，如果跨度较大，还应在中间适当位置加设控制点。在一个断面内拉通线控制，线要拉直，不能下沉。

待龙骨调平调直后方能安装铝板。采用膨胀螺栓固定吊杆，应做好隐蔽工程验收记录，关键部位还要做拉拔试验。安装前要先检查铝板平、直情况，发现不符合标准者，应进行调整。

铝板吊顶施工工艺

施工工艺流程

测量放线→材料下单→包柱→铝板安装→乳胶漆涂刷

测量放线　（1）使用全站仪、经纬仪及水平仪等仪器对施工区域的平面控制线、标高控制线等进行放线定位，实测时要当场做好原始记录，测后及时做好记号，并做好保护，将测量复核结果形成验线报告反馈至总包及监理等单位。

（2）首先严格审核原始依据，包括各类设计图纸，现场测量起始点位、数据等的正确性，坚持测量作业与图纸数据步步有校核。根据总包单位移交的标高线，核对图纸，与设计及总包等各单位协商确定出装饰1000mm水平线，现场进行放样，并在四周的墙、柱上弹出水平控制线。其允许误差应符合每 3m 两端高差小于 ±1mm，同一条水平线的标高允许误差为 ±3mm。

（3）一切定位放线工作都要经过自检，并逐步核实图纸尺寸数据，发现误差及时调整修正记录在施工图纸上。放线结束后及时组织复查，达到要求后方可作为指导施工的依据。

材料下单　根据测量放线图，按照铝板标准版进行排布并对异形铝板进行编号，加工出的铝板需按排版图的编号做相应标记。

铝板安装　（1）弹线：用水准仪在房间内每个墙（柱）角上抄出水平点线，若墙体较长，中间应适当增加几个抄点，弹出水准线，从水准线量至吊顶设计高度，加上金属板的厚度和折边的高度，用粉线沿墙（柱）弹出水准线，即为吊顶次龙骨的下皮线，同时按吊顶平面图，在混凝土

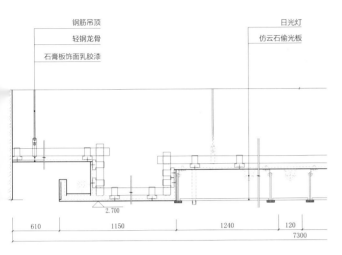

贵宾区透光板顶面细部

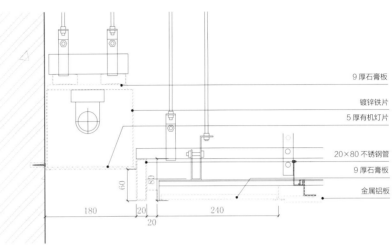

铝板吊顶细部节点

顶板上弹出主龙骨的位置线。

（2）固定吊挂杆件：采用膨胀螺栓固定吊挂杆件。吊杆可以采用 $\phi 8$ 冷拔钢筋和盘圆钢筋，采用盘圆钢筋应用机械将其拉直。超长吊杆还应设置反向支撑。吊杆的一端同 30mm×30mm×3mm 角码焊接，另一端用自攻丝套出大于 100mm 长的丝杆。

龙骨安装　（1）安装边龙骨：边龙骨的安装应按设计要求弹线，沿墙（柱）上的水平龙骨线 L 形镀锌轻钢条用自攻螺丝钉固定在预埋木砖上，如为混凝土墙（柱）可用射钉固定，射钉间距不大于吊顶次龙骨的间距。

（2）安装主龙骨：主龙骨应吊挂在吊杆上。主龙骨间距 900～1000mm。主龙骨为 UC50 型，宜平行竖向安装，同时应起拱，起拱高度为房间跨度的 1/200～1/300。主龙骨的悬臂段不应大于 300mm，否则应增加吊杆。主龙骨的接长应对接，相邻龙骨的对接接头要相互错开。主龙骨挂好后应基本调平。

（3）安装次龙骨：次龙骨间距根据设计要求施工。

（4）铝板上的灯具、烟感器、喷淋头、风口篦子等设备的位置应合理、美观，与饰面的交接应吻合、严密。做好检修口的预留，使用材料宜与母体相同，安装时应严格按设计要求控制吊顶的整体性、刚度和承载力。

墙面硬包挂板安装施工工艺

工艺流程

弹线→木龙骨安装→专用挂件安装→成品木饰面板安装

施工方法与技术措施

弹　　　线　　根据设计图纸上的尺寸要求，先在墙上划出水平标高，弹出分格线。根据分格线在墙上加木橛或砌墙时预埋木砖。木砖、木橛的位置应符合龙骨分档的尺寸。

防潮层安装　　木质墙面应在施工前进行防潮处理，在墙面上刷二道水柏油防潮。

木龙骨安装　　工程所有木龙骨的含水率均控制在 12% 以内，木龙骨应进行防火处理，可用防火涂料将木楞内外和两侧涂刷两遍，晾干后再装。根据设计要求，制成木龙骨架，整片或分片拼装。全墙面饰面的应根据房间四角和上下龙骨先找平、找直，按面板分块大小由上到下做好木标筋，然后在空档内根据设计要求钉横竖龙骨。龙骨采用 25mm×40mm 截面龙骨。

基层龙骨骨道　　安装木龙骨前应先检查基层墙面的平整度、垂直度是否符合质量要求，如有误差，可在实体墙与木龙骨架间垫衬方木来调整平整度、垂直度。同时要检查骨架与实体墙是否有间隙，如有间隙也应用木块垫实。没有木砖的墙面可用电钻打孔定木橛，孔深应为 40～60mm。木龙骨的垫块应与木龙骨用钉钉牢。龙骨必须与每一块木砖钉牢，在每块木砖上用两枚钉子上下斜角错开与龙骨固定。

成品木饰面板安装

施工中应对编号的成品木饰面板再次挑选，使同一空间木饰面板肌理、色调基本一致。使用专用挂板挂件安装在基层木龙骨上。

安全措施

现场临时水电设专人管理，不得有长流水、长明灯。工人操作地点和周围必须清洁整齐，做到活完脚下清，工完场地清，制定严格的成品保护措施。使用人字梯攀高作业时只准一人使用，禁止同时两人作业。中小型机具必须经检验合格，履行验收手续后方可使用。同时应由专门人员使用操作并负责维修保养。必须建立中小型机具的安全操作制度，并将安全操作制度牌挂在机具旁明显处。中小型机具的安全防护装置必须保持齐全、完好、灵敏有效。

办公区

接待区

北京坊 Page One 书店精装修工程

项目地点

北京市廊房头条 13 号院 1 号楼

工程规模

装修面积 3050m²，地上三层，工程总造价 1620 万元

建设单位

新经典书店有限公司、北京大栅栏永兴置业有限公司

设计单位

直向建筑设计咨询（北京）有限公司

开竣工时间

2017 年 1 月—2018 年 1 月

获奖情况

北京市安全生产文明工地、绿色工程

社会评价及使用效果

北京坊 Page One 书店原建筑是民国式的仿古建筑，在前门地区非常有特色。地处北京中轴线上天安门广场旁的正阳门西南角，位于大栅栏传统商业区的核心地段，这个特殊的地点承载了北京商业发展重要的历史痕迹和空间记忆。北京坊 Page One（叶壹堂）24 小时书店，是一张北京文化名片。这里每一个书架，每一件艺术品，每一处角落都散发着浓浓的文化气息，文化和历史交织在一起。透过建筑敞亮宽大的窗户，北京坊 Page One 书店融入前门文化商圈之中，北望前门全景，天安门广场尽收眼底，东看前门老火车站、大北照相馆，西南视大栅栏商街屋瓦鳞次栉比，展现了繁华时代之欣欣向荣

北京芳草地Page One 街区外景

Page One 书店外立面

设计特点

设计师将城市"街巷"的概念延伸到这个 3050m² 的三层室内空间内部，在原有的商业建筑空间外壳内，创造出一系列对应各种不同主题的独立空间。设计完全在已建成的建筑空间内进行，更加注重历史痕迹和空间记忆的延续。希望人们在商业空间场所中仍然能感受到开放的城市所具有的鲜明的内与外、专属与公共的空间关系，延续城市视角与空间体验。书店里的"街巷"空间串联着位于不同楼层的十余个"小建筑"，其中包括贯穿三层空间的 18m 高垂直书塔，从城市街道开始的入口甬道，由两片 50m 长的书墙围合而成的一层开放大空间，面向正阳门的洞穴，碗形剧场式的儿童区，顶层吸纳阳光的艺术区和咖啡馆等。设计师在这个概念系统的控制下，根据具体功能对局部空间的尺度、材料、光线进行定义与区分，最终使这个 24 小时营业的书店能够在一个高品质的建造环境基础上向公众友好开放。北京坊 Page One 书店融合多种城市生活元素，成为一处重要的文化艺术场所。

主要材料

钢、金属网、竹钢、亚克力管、木、水磨石、杜邦纸、阳光板。

功能空间介绍

工程难点、重点及创新点

北京坊 Page One 书店有效地解决了不同的饰面材料收边收口的难题，巧妙和创新地将不同饰面材料在空间中进行流畅转换和衔接，提升了工程质量。

饰面材料以单一的或是多元形式在空间中三维交叉、二维衔接、一维对碰，相互组合，由简到繁的收边收口关系处理得当，装饰装修之美跃然呈现。

一层木饰墙面收银区

不同材质的装饰材料在空间中的交汇碰撞

吊顶及空中曲线

空间介绍

一层沿墙摆放的书架，是由两面 50m 长的书墙围合而成的开放空间。

通顶的书墙

一层筒型图书展架

一层至二层天井旁的铁质楼梯

一层特别展示区

一到三层以书围合成天井，仰望如书山俯瞰如书渊，装饰效果震撼心灵，敬畏之感油然而生。

北京坊 Page One 书店创造了一个文化艺术空间，徜徉其间，浓浓的读书氛围使人身心备受陶冶。

北京坊 Page One 书店，一层一景一隅一陶然。

三层透视设计的阅览空间

三层咖啡厅吧台

一层到三层的

北京坊 Page One 书店，书架如林，空间布局疏密有致，用"书圈"比喻恰如其分。碗形剧场式儿童图书区，童趣十足。

书店充分考虑利用自然采光，通过窗口的导视，室内室外界限似有若无，浑然无隔阂之感。

木质书架

0-3岁
BABY TO 3
▶

碗形剧场式儿童图书区

摄影
PHOTOGRAPHY

重庆市渝州宾馆室内精装修工程

项目地点

重庆市渝中区渝州路 168 号

工程规模

总建筑面积 10650m², 装饰装修工程造价 1.1 亿元

建设单位

重庆市渝州宾馆

开竣工时间

2011 年 11 月—2015 年 6 月

获奖情况

荣获 2013 年度全国 AAA 级文明工地、2015 年度重庆市巴渝杯优质工程奖、2016 年度鲁班奖

社会评价及使用效果

渝州宾馆整体建筑外观气势磅礴、错落有致，体现了空间布局、道路、景观三大功能分区的完美结合。其典雅别致的建筑和园林景观，雄踞重庆市中心 60 载。地理位置优越，东邻渝中闹市中心，西与重庆高新技术开发区接壤，背靠重庆奥林匹克体育运动中心；交通便捷，距火车站 5km、码头 10km、机场 30km、成渝高速公路起点 3km

重庆市渝州宾馆外景

重庆市渝州宾馆占地 0.33km²（500 余亩），地势开阔，院内亭台楼榭，曲径通幽，四季鸟语花香，草木葱郁，深受宾客的赞扬和好评，被誉为"城市中的一片绿洲，都市里的一方净土"。重庆市渝州宾馆始建于 1958 年，隶属于重庆市机关事务管理局，主要从事重庆市各项重大政务接待工作，1982 年由"重庆市服务局渝州宾馆"正式更名为"重庆市渝州宾馆"。1997 年设重庆为直辖市时，渝州宾馆被评为重庆市宾馆行业唯一一家"园林式单位"。

设计特点

渝州宾馆工程是旧楼改造项目，建筑风格沿袭原有建筑中西合璧的特点，建筑依所在地山势高差错落，继承了巴渝传统建筑院落空间，顺应城市肌理和建筑朝向，形成四合或三合多重院落的总体布局关系。通过灰瓦坡屋顶、灰色石材和灰砖墙面、传统木作窗饰、细部线脚等设计，诠释了重庆独特的地域特色和文化传承的"新重庆风格"。在设计上突出五星级酒店的高雅品位和低调奢华，追求建筑与人的和谐共生。以材料表达设计立意，取砂岩中富含砂金、锆石、金刚石、钛铁矿、金红石等特质，赋予酒店富贵丰盈、住客财运广达之意；砂岩是一种沉积岩，由石粒经过水冲蚀沉淀于河床上，经千百年的堆积变得坚固而成，暗喻酒店服务经多年积累沉淀久而弥坚。

材料：包括砂岩圆雕、浮雕壁画、雕刻花板、风格壁炉、罗马柱、门窗套、线条、镜框、灯饰、拼板、梁托、建筑细部雕塑、欧式构件、砂岩板、镂空柱、镂空花板等。经过着色、彩绘、打磨明暗、贴金等技术处理保留了装饰面粗犷、细腻、龟裂、自然缝隙等石材效果。

大堂

功能空间介绍

商务大堂区

空间简介

商务大堂区分为 13 个空间，主要以商务接待、餐饮、娱乐、会议、购物服务为主。大堂两边为旋转楼梯，可缓步进入酒店二层。

技术难点、重点及创新点分析

选用材料品种多，大量使用石材进行装饰，装饰部分材料选用装配式 U 型轻钢龙骨、9.5mm 石膏板、进口米黄石材、进口浅啡网大理石、进口黑木纹石材、进口佩林米黄大理石、25mm 厚进口舒雅米黄大理石波浪纹贴花、米白大理石石材、舒雅米黄石材雕花、干挂山水石石材、25mm 厚进口缇雅米黄大理石、佩林米黄石材、月亮古石材、砂岩浮雕、定制木作浮雕、全玻璃转门、钢质防火门、木质防火门、订制铜质玻璃门、定制褐色木挂板、订制装饰画、石膏板雕花、不锈钢磨花、艺术墙纸、石材线条、110mm×25mm 实木线条、55mm×10mm 实木线条、45mm×30mm 实木线条鎏金、20mm×15mm 实木线条鎏金、100mm 高实木踢脚、95mm 黑色不锈钢扣条、150mm×400mm 木纹漆铝合金面饰、(6+0.76+6) 夹胶艺术玻璃等。

商务大堂区出入口

大堂服务台

大堂阳光餐厅入口

商务区立面为三阶水体建筑，门廊顶棚采用条形木挂板仿藻井吊顶，入口设旋转铜门。

餐饮服务区

西餐酒廊，建筑面积约 778m²，主要装修材料为石膏印花板，褐色成品木饰面，进口 400mm×1200mm、800mm×1200mm 浅褐色大理石，400mm×400mm 进口米黄石材，定制不锈钢花格玻璃门，彩色（6+0.76+6）夹胶艺术玻璃灯箱，35mm×35mm 金色玻璃马赛克，灯具等。

商务大堂区酒廊

一层精品火锅店，建筑面积约 365m²，主要装修材料为定做木饰面褐色挂板隔断、1.2mm 厚黑钛不锈钢饰面、木纹贴皮亚光漆、进口米黄石材踢脚、炫彩石材、地毯、木质防火门、闭门器、洁具、灯具等。

茶楼，建筑面积 365m²，主要装修材料为白色烤漆玻璃、木纹贴皮亚光漆、中号长城板生态木、10mm×20mm 黑色拉丝不锈钢花格造型、20mm 厚黑色大理石、布纹机理墙纸、席编墙纸、做旧实木地板、150mm 宽进口黑金砂石材门套、白色烤漆玻璃磨花、镜面玻璃、黑色背漆玻璃、120mm 宽 5mm 厚高山流水艺术茶镜线条、仿青石仿古砖、皮革、白色发光灯膜、公共卫生间纸盒、皂液器、烘干器、灯具等。

精品火锅店

商务大堂区茶楼

红酒屋顶棚

一层阳光餐厅，建筑面积 1900m²，主要装修材料为黑色不锈钢夹丝玻璃门、装饰石膏印花板、外加工不锈钢花格、定制米黄石材造型板、定制米黄砂岩浮雕、定制成品石膏反光灯槽、订制弧形成品石膏反光灯槽、定制卫生间花格、黑色不锈钢小便器隔断、定制防潮艺术明镜、马赛克、乳胶漆、JS 水泥基防水材料、灯具等。

二层红酒屋，建筑面积 126m²，主要装修材料为胡桃木纹贴皮亚光漆、木质雕花板、木基层胡桃木纹贴皮亚光漆、40mm×40mm 胡桃木纹实木线条亚光漆、20mm×20mm 胡桃木纹实木线条亚光漆、40mm×40mm 胡桃木纹实木线条亚光漆、20mm 实木线条亚光漆、50mm×50mm 胡桃木纹贴皮（亚光漆）、20mm×5mm 实木线条亚光漆、20mm 玫瑰金不锈钢压条、600mm×600mm 深褐色仿古砖、600mm×600mm 深褐色仿古砖、灯具等。

中餐自助餐厅

中餐自助餐厅，建筑面积约 778m²，主要装修材料为造型木条、实木扶手不锈钢栏杆、金属栏杆（成品）、外加工成品工艺格栅、8K 拉丝不锈钢饰面、8K 黑钛不锈钢饰面、300mm 宽铝条扣、125mm 宽铝条扣、600mm×600mm 矿棉板、装配式 T 型铝合金（烤漆）龙骨、600mm×600mm 进口米黄石材、25mm 厚马赛克石材、25mm 厚米黄石材、爵士白石材、25mm 厚进口米黄石材、进口米黄石材踢脚线、啡网纹石材、珊瑚红石材、200mm×50mm 进口米黄石材线、阻燃花毯、30mm 8K 钛金不锈钢装饰条、成品隔断、5mm 厚透光石、5mm 厚茶色镜玉砂暗花、5mm 厚车边银镜、5mm 厚茶色镜片、300mm×600mm 墙砖、300mm×300mm 浅黄色防滑砖、600mm×600mm 仿古砖、600mm×600mm 浅黄色玻化砖、600mm×600mm 地砖、600mm×600mm 地砖（米黄色）、梯步砖、防火涂料、灯具等。

二层走廊

客房中庭

客房，总建筑面积约 4200m²，共计 75 间，其中 A 户型 A、A1、A3、A4 客房 39 间，B 户型 B、B1、B3 客房 30 间，E 户型 6 间，包含客房公共区电梯厅、走道天地墙装饰部分。

客房主要装修材料为阻燃板、石膏板、造型石膏预制件基础、进口 A 级米黄色石材、成品木饰面、50mm 厚海绵白色人造革软包、实木地板、羊毛花毯、茶花纹地毯、云纹地毯、黑色钨钢线条、实木玻璃滑门，卫生间主要装修材料为 12mm 调光玻璃、钢化玻璃隔断、石材马赛克，智能电子门锁、淋浴洁具五金，此外还采用弱控墙智能控制系统。

一层连廊，建筑面积 580m²，主要装修材料为云纹浮雕、米黄石材表面 30mm 宽光面与 30mm 宽拉毛面、700mm×800mm 进口灰木纹石材、进口米黄石材镜面不锈钢板、灯具等。

酒店连廊

客房中庭

大床客房

大堂电梯厅

客房电梯厅

常德天济广场酒店精装修工程

项目地点
湖南省常德市武陵区柳叶大道以南，皂果路以西

工程规模
总建筑面积 79794m²，总投资 5.4 亿元，装饰工程造价 7845.6 万元

建设单位
湖南天济置业有限公司

开竣工时间
2013 年 5 月—2014 年 8 月

获奖情况
荣获 2014 年中国建筑装饰协会、中华建筑报社联合颁发的"中国建筑装饰三十年百项经典工程"荣誉证书，2015 年湖南省建设工程芙蓉奖，2015 年度中国建设工程鲁班奖（国家优质工程）

社会评价及使用效果
一篇《桃花源记》成就了常德"世外桃源"的美誉，一座天济广场酒店让常德小城平添神来之韵。天济广场酒店融入了建设者的情感，在这个特定的建筑环境中凝固，传递出了一种艺术气息，是感性与技艺的自然流露和表达

常德天济广场酒店夜景

设计特点

常德位于湖南省西北部、洞庭湖西岸,史称"川黔咽喉,云贵门户",曾是七朝军府藩封之地。天济广场酒店以栀子花花语"禅客、清净、喜悦、脱俗永恒的爱"为设计理念,糅和现代物料,如金属、玻璃、水晶、马赛克和桃花芯树杈、皮革等,以现代手法把古代桃花源文化、室外的园林绿化景观带入室内,展现在客人眼前。满足了现代人对山水园林的渴求,更体现了人与自然的和谐共生。如把栀子花引入客房地毯、客房床头背景、客房衣柜门等;宴会厅顶面用大体量水晶吊灯带出叶舞效果,陪衬金属、古铜,装嵌翠竹的大门,营造桃花林的效果;游泳池池底采用马赛克树叶拼花,背景墙采用玻璃钢做出水纹,墙面石材凹凹粘贴,树形金属隔断屏风营造山水效果等。常德天济广场酒店挂牌为国际标准的五星级喜来登酒店,从投资到设计建设一直走高端路线,与国际接轨。一座常德天济广场酒店,半张常德人文文化图卷。酒店装修清丽自然,浑然天成,身在酒店,犹如历游桃花源仙境,尽享天济之幽。设计敬畏常德山水,追求厚重的历史感与现代感的自然交融,取桃花、桃枝、草堂、石径入室,精心现代工艺施工,创造了一个新的"世外桃源"。

优雅、极致简约的风格主线,以绿色环保材料和精湛工艺打造,精炼简约地设计勾勒出赏心悦目的建筑装饰装修氛围。在秉承经典的同时,将实用主义以艺术化表现,摒弃繁复的线条,简约的线条分割与节点、接口完美组合;坚持风格多样化的同时混合亮丽色彩,给

水疗中心

游泳池

健身中心

建筑注入生命元素，提升了建筑空间的现代品质感，彰显了时尚前卫的风格气质，打破了商务空间长期以来的沉闷、单调和奢华，吻合了现代人渴望突破钢筋水泥的城市、崇尚自然的思想。

酒店的建筑外观设计为现代亚洲风格，室内装饰装修又延伸了这种单纯自然和中性的风格，以白色的墙、灰色的花岗石和氧化铜的金属色泽，配衬着米黄色洞石的天然纹理，创造了一种时尚自然和轻松的环境氛围。

酒店建筑为地下一层、地上裙楼四层，主楼分两栋，1 号楼为酒店，层数 22 层，共有客房 318 间，2 号楼为公寓式酒店，层数为 18 层。酒店按五星级标准修建，设有室内恒温游泳池 1 个、可容纳 1000 人的宴会及会议两用厅 1 个、容纳 20~200 人的多功能会议室 6 个、中餐厅 20 个。建峰集团施工的为 1 号楼裙楼 3-4 层、客房 15—22 层的室内装饰工程，主要含宴会厅、多功能厅、中餐厅 5 个、游泳池、健身房、健康中心、SPA、酒店管理公司办公室、行政酒廊、客房间等。

功能空间介绍

酒店大堂

空间简介

酒店大堂位于一层，由接待服务台、商务中心、行李房、大堂吧、会客区、旋转楼梯组成。大堂空间高 18m，整个大堂选用天然石材装修，服务台背景墙面配饰大型铜雕壁画，气氛磅礴。

技术难点、重点及创新点分析

地面、墙柱面多为高档石材装饰，砂岩石壁雕装饰，顶棚为轻钢龙骨耐火及防水石膏板吊顶，部分顶棚建筑结构为钢构造。

大堂

大堂茶缘

大堂吧

技术难点分析

细部尺寸相互咬合控制　　卫生间墙面大理石立面的垂直度与不锈钢隔断的垂直度相互咬合，墙面大理石立面的平整度与镶嵌的全身镜的不锈钢框的平整度相互咬合、与镶嵌的不锈钢衣柜平开门框的平整度相互咬合。要求把控现场制作与工厂制作的精确度，使大理石墙面的垂直度和平整度在每一个环节上严格受控。

空间尺寸的控制　　所有公共走道的宽度必须控制在 1830mm，而现场结构误差在 50 ~ 70mm，墙面所要完成的内容有轻钢龙骨基层、双层耐火石膏板、40mm 木线条分格，在百米长的公共走道上完成以上内容，误差尺寸必须控制在 2mm 以内，要求有很强的尺寸控制能力和精密计算水平。

天然大理石现场铺贴石材品相的控制	标准间大理石铺贴曼花米黄石材系天然大理石，它在米黄色系石材中属于极不稳定的品种之一，纹路凌乱，质脆。要求石材厂家在选择荒料—大致排版—裁板等多个环节进行控制。在铺贴前仔细按现场尺寸排版，二次运输和铺贴前铲网格要格外小心，减少损耗率及后补石材与先到石材的色泽差异问题。
交叉作业管理	精装修、机电安装及消防、弱电、空调、无线信号、固定家具等班组同时进场，外立面幕墙班组也在施工中。

技术创新点分析

工法创新	墙面壁纸传统做法是与木饰面相交处留 5mm 装饰工艺缝凹槽，墙面石膏板封板时预留指定尺寸，然后由油工用石膏粉将工艺缝顺直。此种工法既增加了油工的施工难度，又无法保证大面积施工时的质量，容易造成工艺缝不直，壁纸转角处无法实现均匀 90° 阳角。经现场论证，决定在基层将油工施工难度较大的 90° 阳角先一步完成，在封板前先用木线条完成工艺缝，然后石膏板与工艺缝外侧相接。这样既保证了工艺缝垂直平整，尺寸误差小，又确保了壁纸转角处阳角 90° 无空鼓现象发生。该方案在现场所有工艺缝部位使用，效果良好。工法总结为基层为骨，面层为肤，骨正肤不可能不正。
细节雕琢	对每一个细节进行了反复论证，基层材料与建筑主体结构连接为论证的重点。现场所有面层材料有承重力的部分，均用金属材料与主体结构连接，基层板与金属连接，面层材料与基层板连接。客房内所有移门轨道直接与金属钢架连接，固定家具整体柜与金属钢架连接。做法总结为结构是本，饰面是标，标本兼治方可出百年精品。
追踪深化	在施工中，针对各种灯具、卫生洁具均进行市场调查，认真比对，在质优价廉的基础上，确保各种灯具、卫生洁具均为节能、节水设备。在保持原有设计的基础上，根据现场的情况，进行局部深化，以保证所有的外加工材料尺寸精准，同时也充分利用了本单位的加工基地优势，对石材、木制品的加工进行了工厂化生产。在施工过程中，始终有深化设计师在现场跟踪，对细部节点上出现的问题随时进行调整和深化，使产品质量得到了进一步的提升。
安全质量保障	安装前首先做好各项安全教育、安全保护工作，配备必需的安全用品。各施工工序及施工质量严格按照质量管理保证体系的要求

进行检查,验收后再进行下一步的施工。使施工质量达到预定的目标,获得客户的最佳评价。

材料的防潮防霉变处理 本工程地理位置特殊,紧临白马湖,环境的空气湿度较大。这样会导致木制品及墙面装饰易发霉斑及变形。轻钢龙骨石膏板吊顶表面因此会产生裂缝,从而影响观感质量。

在木饰面工程、硬包工程、壁纸工程中,首先选用 18mm 厚阻燃多层板做基层,在基层板上六面涂刷防水隔离剂,以有效防止空气中的湿气入侵。饰面板根据现场造型尺寸,由工厂生产定做成品板(木质的含水率控制、防水防霉处理、油漆等都是工厂化作业),以保证产品的质量及装饰质量要求。

洗浴间

洗浴间的门都是采用镀古铜色不锈钢制作而成,在门五金件安装时对门五金件安装处的加工要求非常严谨,不小心就会出现不锈钢划痕。首先把五金件的大小尺寸及厚度输入电脑,通过数控雕刻机在不锈钢上雕刻出五金件位置的相应尺寸,五金件间距、水平线、垂直线须控制得非常精准、无偏差,使五金安装后位置准确、平整、无间隙,达到安装要求。

三楼多功能厅

三楼多功能厅公共卫生间门口的石材圆形柱子、四楼游泳池花洒处弧形陶瓷锦砖隔断铺贴难度也比较大。在安装前利用电子测量技术进行现场精确测量,然后把圆弧形的尺寸输入电脑。由技术人员进行墙面石材、陶瓷锦砖的划分、布局、排列,尽量避免陶瓷锦砖切割,保证了弧形墙面的流畅性和美感,达到了业主要求的标准。本工程地面石材、墙面石材铺贴面积较大,同时对铺贴的石材总体上要求控制好平整度和色差及缝线的和谐性,施工难度相对较大。施工前须对每块石材各边的尺寸进行放样,对每个客房的卫生间石材进行排版,经过反复推敲确认后,交由专门技术工人对每块材料按放样大小进行数控切割。由于曼花米黄石材质软、易碎,二次运输和铺贴前铲网格要格外小心,减少损耗率及后补石材与先到石材的色泽差异。

工程石材、木制品、金属制品、玻璃制品,均采用工厂化生产、现场安装的施工方式。工厂化制品的造价约为 1750 万元,约占总造价的 35%。

为防止二次修补带来的感官差距及不必要的返工，本工程尤为注重成品保护，严格实行面层饰面当日完成、及时做好成品保护制度，对饰面的阳角及地面石材尤其严控。

本工程中有大面积的地面墙柱石材工程，大面积石材铺贴容易出现空鼓和泛碱现象。而石材本身不能有效防止泛碱、白花、水斑、污渍现象发生，重要的是外部防护。因此在石材铺贴干挂前，先将厂家贴的背网铲除，再全部做六面防护处理。

宴会厅

聚点特色餐厅

盛宴西餐厅

在工程施工过程中，经过实验和对比分析，选择用石材粘贴剂加强防护的方案。石材粘贴剂的防渗、防泛碱的防护功能，加上水性石材防护剂，具有双重防护效果。同时在石材背后采用挂铜丝的施工工艺，这样就有效保证了石材铺贴的一次成功率。

本工程所有基层、隔断墙下均采用支模、灌入水泥砂浆制作地垄，同时增加加强筋的做法。这道工序有效地阻止了地面的水分（尤其是地面找平时）向上返，从而腐蚀墙身基层及面层。

本工程所用的专业内墙漆多乐士 ICI，具有更优异的遮盖力，更好的耐粉化性、防霉功能和优异的施工性能，是一种适合广泛使用的内墙乳胶漆。施工后的漆面平整美观，而且改良的配方中采用优质高遮盖力的颜填料，对比原配方产品施工时同等面积用量更少，漆膜附着力牢固。

为提高施工质量，确保工程质量优良率，所有工序带线施工。封版前的施工线控制现场工人的精确度，封板后的施工线控制加工厂的精确度。为提高牢固度与平整度，所有的自攻螺丝固定点都需要根据龙骨的间距打十字线加以固定。

工程所用的木质基层板均为阻燃板，防火等级均达到 B1 级阻燃性能。采用阻燃板减少了刷防火涂料的工序，避免了刷防火涂料使基层板产生变形的后患，节约了人工，保证了基层的平整度。同时，纸面石膏板除防水石膏板外，均采用耐火石膏板。

宴会厅前厅

至尊套房

至尊套房浴室

澳门大学横琴新校区外幕墙工程

项目地点

珠海市横琴岛

工程规模

建筑面积 30000m², 工程造价 7000 万元

建设单位

澳门大学

设计单位

华南理工大学建筑设计研究院

开竣工时间

2010 年 11 月—2014 年 6 月

获奖情况

2013 年度教育部优秀规划设计一等奖, 第十三届中国土木工程詹天佑奖, 2015 年全国优秀工程勘察设计奖、建筑电气二等奖, 2013—2014 年度国家优质工程奖鲁班奖、第六届广东省土木工程詹天佑故乡杯, 2017 年度广东省优秀勘察设计奖公共建筑类一等奖

社会评价及使用效果

澳门大学横琴岛新校区, 在粤澳合作的大背景下, 致力于成为一所教学与科研并重的国际大学, 并要实现成为高效率和重视绿化环保的新校区的目标。依托岭南水乡的环境基础, 融汇岭南和南欧建筑的风格, 创造了富有澳门特区地域特色的建筑风格和形象。校区依山傍海, 地势平坦, 顺山势有排洪渠水系穿过, 东面有长约 2km 的海岸线, 生态及景观资源丰富。核心建筑群有中央行政楼、教学楼、文化交流中心、体育馆、图书馆和校史厅, 担当了校园名片的重要角色

中央教学大楼

设计特点

横琴岛澳门大学新校区的总体规划设计，立足于山海环境资源和生态自然条件，采用强调簇群式生长的建筑布局模式，并融合南欧和华南地区的建筑风格，目的是创造富有独特魅力和风格的国际化校园。以书院式的发展格局作为组团的核心模式，既是对现代校园可持续发展规划理念的呼应，也是对澳门大学人文精神传统的尊重。群体设计融合了岭南建筑与南欧建筑的特色，提炼了"廊、骑楼、古典风格、园林环境、灰空间"等几大空间组织元素，用现代的设计手法予以灵活搭配使用，创造出与规划理念共生的建筑群体环境。

新校区规划设计的核心，在于建筑与景观的互动，以"岭南水乡"的岛屿式生态景观环境为依托，将自身的建筑中庭、岭南庭院、欧式水苑和校园湖面、岛屿、以中心景观水轴为主体的大环境整合成统一的整体。整组建筑立足于展现对老校区建筑文脉的传承，同时结合岭南与南欧建筑在布局、形体、立面和园林等方面的特色。一方面巧妙运用中庭、架空层、连廊、骑楼、平台和空中花园等空间设计手法来体现"通""透""融""汇"的空间品质，将回廊、轴线对称的规则水体、整齐布局的绿化等南欧式园林布置手法融合在错落有致、步移景异的岭南园林中，形成了独具一格的景观效果。另一方面，通过将传统建筑美学观与现代建筑手法相结合，力图创造出典雅大气和简洁明快的崭新建筑形象。建筑构筑岭南群落，借鉴南欧建筑传统的竖向三段式比例关系以及相关的建筑细部尺度，以高低错落的建筑层次、大小相容的庭院尺度等岭南建筑特色为核心理念，将典雅古朴与形体组合灵活多样的设计思路相结合，赋予建筑群落基调既稳重大气，又不失活泼自由的特点。连廊设计强调建筑组团功能综合化的"书院模式"是澳门大学新校区的重要设计理念。餐厅、咖啡厅、零售、展览、开放讨论区、开放自学区、休息区等功能都在教学楼内结合公共连廊系统布置，形成相互依存的有机整体，同时与庭院空间相互融合渗透，实现了功能的综合化与多元化，共同营造了舒适宜人的学习、讨论和交流的场所。

分项工程介绍

中央行政楼幕墙

工程简介

中央行政楼以立体化的步行连廊系统相衔接，外部与校园景观水轴、湖面、绿化的大环境相互渗透，内部采用兼具岭南和南欧特色的园林式布局，通过多个庭院空间及公共廊道将建筑物紧密相连，形成开阔的视野和丰富的空间层次。中央行政楼外立面为玻璃幕墙和石材幕墙。

玻璃幕墙施工工艺

幕墙测量与控制网的建立

测放控制线	以基准点建立了闭合平面控制网，以此平面控制网为基准，依据设计图纸标定基准点的位置关系与幕墙的位置关系，测放幕墙的控制线，并在线上标明至幕墙的距离。幕墙控制线也必须是闭合导线，以便确定测量精度，只有在不能通视的位置才能使用支导线测量，但要往返测量。测量点必须妥善保护，除把线放到地面上外，还要把线引至梁的外表面，以免地面处理后无法恢复。
复　　测	使用内控法所测的成果在楼板的外表面均有标志，将基准层上的对应线引至地面，在地面架经纬仪，以基准层为基础，正反测量该垂线的误差，如最高点的误差控制在 25mm 之内，则视为合格，标高大于 90m 的幕墙的垂直度要求在 25mm 内。
测量主体结构误差	以水准测量控制点和平面控制网为基础，测量主体结构的尺寸偏差，对于大于设计偏差要求的结构区域，由结构施工单位进行修整后交付我方验收使用，或提出相应的整修意见，以采取有效措施，使施工前的测量工作落实到位。
报请总包、监理验线	测量放线后，验线并确认，最终确定现场施工安装方案与计划，以便工程按期实施。
测量成果的整理	测量后的有关数据及时反映给幕墙设计师，以便幕墙设计师了解现场情况，及时作出方案调整，并在幕墙施工图制作过程中绘出现场安装基准并作为下料单的原始数据。测量始终贯穿于整个施工过程，

不仅给设计提供第一手资料，给施工提供安装基准，按幕墙设计师的要求进行分格定位，还能有效地提高工作效率，避免等、靠的现象发生，有效地保证了主体结构与外装饰工程的尺寸关系，是确保工程质量不可缺少的工作。

竖龙骨安装

测量准备　熟悉了解图纸要求，检查图纸是否有不清楚的地方，准备工器具。在施工现场找准开线的位置，在关键层打水平线，寻找辅助层打水平线，找出竖龙骨和线定位点，将定位点加固，拉水平线及检查水平线的误差并调整误差，进行水平分割及复查水平分割的准确性，吊垂直线检查垂直度，固定垂直线，检查所有放线的准确性，重点检查转角、变面位置的放线情况。

施工组织　熟悉图纸，弄清整个幕墙位置的主导尺寸，收口位置尺寸、转角、收口的处理方式，以及整个建筑设计的风格，并对整个施工组织设计有明确的认识，对施工进度的控制做到心中有数，同时根据实际情况编制切实可行的施工方法和方案。

工器具准备　在放线前对工器具的准备要检查是否缺什么、是否使用正常、仪器是否准确、误差是否在规定范围内。工器具包括水平管、水准仪、经纬仪、紧线器、线坠、电焊机等。

材料准备　选择运输路径和计算送料时间，保证不间断施工。

安全及防护　严格遵照建筑施工安全防范措施，做好安全用电、防火工作。

竖龙骨定位　根据幕墙施工需要，单纯在关键层打水平还不足以确定竖龙骨的位置，为了保证竖龙骨安装的误差在规定范围，在放线时还需要寻找一个辅助层打水平，以保证两点形成一条定位线，辅助层可以是一个或几个，视实际情况而定，一般情况下随楼层的高度而定，层数越多辅助层就越多，反之亦然。确定了关键层、辅助层，在关键层上寻找竖龙骨放线的定位点。定位点一般在变面接口处、转角处，平面幕墙较长时可以在平面中间，但此时必须调整准位置，保证线、面空间统一。关键点不低于两个，随着各立面变化的复杂程度和整个施工方案和设计形式而决定关键点的多少。

竖龙骨的安装质量和检验方法　幕墙构件整体垂直度（垂直于地面的幕墙，垂直度应包括平面内和平面外两个方向），使用经纬仪测量检查，幕墙高度不大于30m，允许偏差不大于10mm；幕墙高度大于30m不大于

60m，允许偏差不大于 15mm；幕墙高度大于 60m 不大于 90m，允许偏差不大于 20mm；幕墙高度大于 90m，允许偏差不大于 25mm。

竖向构件直线度用 2m 靠尺、塞尺测量检查，允许偏差不大于 2.5mm。相邻两竖向构件标高差，用水平仪和刚直尺测量检查，允许偏差不大于 3mm。同层构件标高偏差，用水平仪和刚直尺以构件顶端为测量面进行测量检查，允许偏差不大于 5mm。相邻两竖向构件间距差，用钢卷尺在构件顶部测量检查，允许偏差不大于 2mm。

构件外表面平面度，用钢直尺和尼龙线或激光全站仪检查，相邻三构件，允许偏差不大于 2mm；幕墙宽度不大于 20m，允许偏差不大于 5mm；幕墙宽度不大于 40m，允许偏差不大于 7mm；幕墙宽度不大于 60m，允许偏差不大于 9mm；幕墙宽度大于 60m，允许偏差不大于 10mm。

横龙骨安装

工艺流程

施工准备→检查各种材料质量→就位安装→检查

横龙骨安装施工准备	认清图纸，注意分清开启扇位置；准备好各种所需材料，清查各材料的规格数量是否符合要求，要明确各横龙骨的位置；施工段现场，由于有可能出现障碍等使横龙骨不能正常安装，故在施工前要进行清理工作；对横明框进行包装，以防止脏物污染横明框。
检查各种材料质量	在安装前要对所使用的材料质量进行合格检查，包括检查横龙骨是否已被破坏，冲口是否按要求，同时所有冲口边是否有变形，是否有毛刺边等，如发现类似情况要处理后再进行安装。
就位安装	横龙骨或横明框的安装要先找好位置，将横明框角码置于横明框两端，再将横明框垫圈预置于横明框两端，用 $\phi 6 \times 80mm$ 不锈钢螺栓穿过横明框角码、垫圈及竖明框，逐渐收紧不锈钢螺栓，同时注意观察横明框角码的就位情况，调整好各配件的位置以保证横明框的安装质量。
检查	横龙骨或横明框安装完成后要对横龙骨进行检查，检查内容主要包括各种横龙骨或横明框的就位是否有错，横龙骨或横明框与竖龙骨或竖明框接口是否吻合，横龙骨或横明框垫圈是否规范整齐，横龙骨是否水平，横龙骨或竖明框外侧面是否与竖龙骨或横明框外侧面在同一平面上等。

横龙骨的安装质量和检验方法	单个横向构件水平度，用水平尺测量检查，长度不大于 2m，允许偏差不大于 2mm；长度大于 2m，允许偏差不大于 3mm。相邻两横向构件间距差，用钢卷尺测量检查，间距不大于 2m，允许偏差不大于 1.5mm；间距大于 2m，允许偏差不大于 2mm。相邻两横向构件端部标高差，用水平仪、刚直尺测量检查，允许偏差不大于 1mm。幕墙横向构件高度差，用水平仪测量检查，幕墙宽度不大于 35m，允许偏差不大于 5mm；幕墙宽度大于 35m，允许偏差不大于 7mm。

防火隔断安装

工艺流程

准备工作→整理防火镀锌钢板并对位→试装→检查工器具→打孔→拉钉→就位打射钉→检查安装质量

整理防火镀锌钢板并对位	将车间加工好的防火镀锌钢板对照下料单，一一分开并在各层上按顺序就位放好，以便安装。
安装	就位后的防火镀锌钢板一侧固定在防火隔断横龙骨（或可当作防火隔断横龙骨）上，用拉铆钉固定，一侧与主体连接，用射钉固定，在安装中先在横龙骨钻孔，用拉铆钉连接钻孔时要注意对照防火镀锌钢板上的孔位。选择适当的拉铆钉，在钻好的孔处将防火镀锌钢板与横龙骨拉锚固定。注意如果拉铆钉不稳要重新钻孔再拉铆。将拉好拉铆钉的防火镀锌钢板从下向上紧靠结构定位，然后用射钉枪将防火镀锌钢板的另一侧钉在主体结构上。
检查安装质量	防火镀锌钢板固定好后，要检查是否牢固，是否有孔洞需要补等，检查时要做好详细的检查记录。

防火棉及保温棉安装

工艺流程

防火棉（保温棉）尺寸测量→按尺寸下料→安放→固定→检查修补→隐蔽验收

基本操作说明

防火棉需根据设计图纸要求的厚度及现场实测宽度进行截切后安装于防火钢板内，安装需在晴天进行，并可即时封闭，以免被雨水淋湿，可在板块安装完后安装以保护防火岩棉，安装完后应在表面用钢丝网封闭。

安装方法

一种是安装在主体墙外侧，一种是安装在幕墙框架内（距玻璃间隙不小于 20mm）或直接附在铝板背面。防火棉独立安装时，应加设铝条加强筋，并用胶钉将防火棉与加强筋固定好，保温棉应在板块安装时同时安装，以避免被水淋湿，玻璃棉与框架周边的缝隙用胶带封闭。

隐蔽验收记录

玻璃安装

工艺流程

施工准备→检查验收玻璃→将玻璃按层次堆放→初安→调整→固定→验收

施 工 准 备　　由于玻璃安装在整个幕墙安装中是最后的成品环节，在施工前要做好充分的准备工作。准备工作包括人员准备、材料准备、施工现场准备。在安排计划时首先根据实际情况及工程进度计划要求排好人员，一般情况下每组安排 4 ~ 5 人，中空夹胶等玻璃安装时每组可安排 6 人。安排时要注意新老搭配，保证正常施工及老带新的原则，材料工器具准备是要检查施工工作面的玻璃是否到场，是否有损坏的玻璃，施工现场准备要在施工段留有足够的场所满足安装需要，同时要对排栅进行清理并调整排栅满足安装要求。

检 查 验 收 玻 璃　　检查内容主要有：规格数量是否正确，各层间是否有错位玻璃，玻璃堆放是否安全、可靠，是否有误差超过标准的玻璃，三维误差是否在控制范围内，玻璃铝框是否有损伤，结构胶是否有异常现象，抽样做结构胶黏接测试。

安 装 和 调 整	玻璃初装完成后就对反块进行调整，调整的标准即横平、竖直、面平。横平即横梁水平、胶封水平；竖直即竖龙骨垂直；面平即各玻璃在同一平面内或弧面上。室外调整完后还要检查室内该平的地方是否平，各处尺寸是否达到设计要求。
固　　　　定	玻璃调整完成后马上要进行固定，主要是用橡胶垫块固定，垫块要上正压紧，杜绝玻璃松动现象。
验　　　　收	每次玻璃安装时，从开始到完成，进行全过程质量控制，验收也是穿插于全过程中。验收的主要内容包括玻璃自身是否有问题、胶缝大小是否符合设计要求、胶缝是否横平竖直、玻璃板块是否有错面现象、室内铝材间的接口是否符合设计要求。上压块固定属于隐蔽工程的范畴，要按隐蔽工程的有关规定操作。
成 品 保 护注 意 事 项	饰面若已产生污染，应用中性溶剂清洗后，用清水冲洗干净。玻璃表面（非镀膜面）胶丝迹中的其他污物，可用刀片刮净并用中性溶剂洗涤后用清水冲洗干净。室内镀膜面处的污物要特别小心，不得大力擦洗或用刀片等利器刮擦，只可用溶剂、清水等清洁。
玻 璃 幕 墙 安 装质量的允许偏差和 检 验 方 法	幕墙垂直度，使用经纬仪检查，幕墙高度不大于 30m，允许偏差不大于 10mm；幕墙高度大于 30m 不大于 60m，允许偏差不大于 15mm；幕墙高度大于 60m 不大于 90m，允许偏差不大于 20mm；幕墙高度大于 90m，允许偏差不大于 25mm。幕墙水平度，用水平仪检查，幕墙幅宽不大于 35m，允许偏差不大于 5mm；幕墙幅宽大于 35m，允许偏差不大于 7mm。构件直线度用 2m 靠尺、塞尺检查，允许偏差不大于 2mm。构件水平度，用水平仪检查，构件长度不大于 2m，允许偏差不大于 2mm；构件长度大于 2m，允许偏差不大于 3mm。相邻构件错位，用钢直尺检查，允许偏差不人于 1mm。分格框对角线长度，用钢尺检查，对角线长度不大于 2m，允许偏差不大于 3mm；对角线长度大于 2m，允许偏差不大于 3mm。

石材幕墙安装施工

石材幕墙节点形式

钢　龙　骨	竖向龙骨、横向龙骨采用热镀锌角钢,横竖向龙骨间采用螺栓连接,

竖向主龙骨与钢角码采用螺栓连接，三维方向可调整。

幕 墙 连 接	竖向主龙骨与主体结构平板埋件焊接连接。
石 材 挂 接	安装不锈钢双弯连接件，挂件与横向钢角码采用螺栓连接，先在槽口内涂满 502 胶，然后自下而上安装。安装时板的上下端开好的槽口对准上下次龙骨上已初步安装好的不锈钢连接件，由于上下槽口均涂满 502 胶，与双弯构件相连后很快固结，不需要其他加固措施。
石材板块密封	采用与石材相同色的密封胶密封。

石材安装方法

安 装 不 锈 钢 双 弯 连 接 件	此连接件一头与次龙骨用螺栓连接，另一头有上下垂直分开的承插板，先不紧固螺栓，待板材固定、检查平整度后再拧紧。
板 材 开 槽	用切割机在板的上下两端各切两处槽口，深 8 mm，宽 2 mm，长 4 cm，割槽时带水切割，一旦切坏了，该板不会浪费，可改小尺寸用于窗台板。
安 装 板 材	先在槽口内涂满胶，然后自下而上安装，安装时板的上下端开好的槽口对准上下次龙骨上已初步安装好的不锈钢连接件，由于上下槽口均涂满胶，与双弯构件相连后很快固结，不需要其他加固措施。
板 缝 调 整	设计的板缝横向 5 mm，竖向 8 mm，竖向缝宽容易控制，而水平缝采用 5 mm 厚玻璃片来控制，先将 5 mm 厚玻璃片垫在已安放的石材上口，然后经拉线检查是否水平，用水平尺检查板的水平度，用靠尺检查板的垂直度。
紧 固 找 平	板的竖直缝、水平缝、平整度、垂直度检查合格后，拧紧螺栓，板的位置就逐一被固定。
拔 出 垫 片	半个小时以后，槽口内的胶便把石材与连接件紧紧地凝固在一起，这时便可拔掉玻璃片，注意玻璃片易拔也易碎，不用费力。
嵌 缝 打 胶	待一面墙的石材和铝板装饰带完成后，先在板缝之间嵌入 ϕ 6 泡沫杆作为硅碉胶的背衬，在整体墙面安装完毕以后，缝隙用硅碉胶封没，硅碉胶的颜色依据总体设计定为与石材相同的米黄色。
细部构造做法	门、窗、女儿墙压顶、铝板连接处细部构造，这些部位应在墙面完成后再施工，整板切割改小尺寸。施工时窗顶、窗台的坡度要一致，女儿墙应向内找坡，特别是挂件要安装牢固。

中央行政楼

文化交流中心透视图

干挂石材的质量控制要点

石材是先订货后安装的，要依据板的尺寸去设计排板图，施工前特别是在现场要预排，防止窗间墙面排板不一致，发生板材不完整的情况。一定要将这类板面对称地调至墙角处。

主龙骨与次龙骨及与基层之间的连接要牢固，采用螺栓连接和焊接，龙骨采用镀锌钢材表面涂刷防锈漆，焊接处不得遗漏。

使用干挂石材还要满足消防要求。由于干挂石材与墙体之间有较大空隙，每层应设防火带，具体做法是将防火岩棉用钢丝网包裹与次龙骨相连，用于阻隔下层可能发生的火灾。

石材切槽精度要求较高，石材厚仅 1.2cm，强度高而且易碎，稍不注意就会造成整块板破碎，切割时切勿干切，要加水切割。

板材安装前要清理板缝内灰尘，涂胶后要马上安装，不能拖延太长时间，否则胶白凝会堵塞槽口。

板材之间的缝隙要按设计的宽度严格控制，用硅胶封没之前，要清除板端的灰尘，嵌入的泡沫杆直径应大于缝隙 1mm 以上，以保证嵌紧。硅胶的厚度要保证 6mm 以上，并要求连结均匀，平面凹进 2mm，并要防止胶打在缝外，有碍外装效果。

文化交流中心

文化交流中心隐喻传统文脉，共享中庭，采用米白色石材的浅色调搭配深灰蓝色玻璃，旨在唤起对老校区历史情感层面的记忆与感悟。外墙以石材为主，增加建筑的厚重感和历史深度，石材线条和竖向窄窗的运用也体现了南欧传统的比例关系，搭配局部玻璃幕墙和采光天窗，使建筑透出时代气息。内部采用现代图书馆开放共享的空间组织手法，以可参与的开放式中庭为核心空间，有机地联系各功能及交流场所。同时，结合功能需求及立面特点，设置了多个空中室外平台，刻意创造了观景、休憩、交流和远眺澳门的室外场所。

图书馆

校史厅

校史厅位于建筑群的东北部，具有延伸空间层次、呼应传统文化的作用，与图书馆和中央教学楼共同围合出校园中央广场。方形的基座和圆形的天面，既是对中国传统文化"天圆地方"的隐喻，也是对老校区建筑"方圆融合"的呼应。在地域文化层面上，结合澳门的市花莲花，将建筑悬于水面，并通过特殊的结构设计向四周出挑，宛如莲花绽放于水面之上，以增加校史厅在文化和道德层面上的内涵。其内部空间组织形成三个层次：第一个层次是建筑外部是两层通高的围廊，具备极好的观景效果；第二个层次是室内的环形公共空间，是由两层通高的空间、落地玻璃、连接二层观景平台的坡道组成的系统，既可观赏校园生态湖泊景观，又具备自身游览价值；第三个层次是位于建筑中心的室内展示空间，包括多媒体展示室和校史展览室。

中央教学楼和连廊

连廊在建筑群中承担了聚合多元功能，中央教学楼的空间组织，通过连廊将庭院、骑楼、廊台、交往平台等元素整合在一起，创造出多层次的立体交往场所，形成丰富的室内室外一体的景观空间。联系南北的交往研修廊，不仅整合所有连廊和户外空间资源、发挥交通统筹的作用，还是学生日常交流、研习、嬉戏的重要场所。

中央教学楼采用的是半隐半明框玻璃幕墙和石材幕墙。

半隐半明框玻璃幕墙

施工顺序

支座安装→立柱安装→横梁安装→避雷安装→隐蔽验收→玻璃安装→装饰条安装→打胶

半隐半明框玻璃幕墙安装方法

支座及立柱的安装与连接	立柱安装之前，首先将支座在楼层内用五金件螺栓与立柱连接起来，支座与立柱接触处加设隔离垫，防止电位差腐蚀，隔离垫的面积不能小于连接件与竖料接触的面积。连接完毕后，用绳子捆扎吊出楼层，再进行就位安装。
立柱安装调节	待立柱吊出楼层后，将支座与埋件通过螺栓相连，首先将螺栓放在槽内，旋转 90º 后再将螺栓拧到六成紧，进行上下、左右、前后的调节。经检查符合要求后再进行拧紧，高低、左右控制为 2 ~ 3mm。
立柱的分格安装控制	立柱依据竖向钢直线以及横向鱼丝线进行调节安装，直至各尺寸符合要求。立柱安装后进行轴向偏差的检查，轴向偏差控制在 ±1mm 范围内，竖料之间分格尺寸控制在 ±1mm，否则会影响横料的安装。
套筒安装	底层立柱安装完毕后，在安装上一层立柱时，两立柱之间安装套筒，立柱安装调节完毕，两立柱之间打胶密封，防止雨水入侵。上下连接套筒插入长度不得小于200mm。
横梁安装	立柱全部安装完毕后进行横梁的安装，横梁未安装之前，首先将角码插到横梁的两端，将横梁担住。然后用螺栓固定在立柱上。横梁承受玻璃的重压，易产生扭转，因而立柱上的孔位、角码的孔位应采用过渡配合，孔的尺寸比螺杆直径大 0.1 ~ 0.2mm。由于铝合金幕墙热胀冷缩会产生噪声，故在横梁与立柱之间进行热处理，整根横梁尺寸应比分格尺寸短 4 ~ 4.5mm，横梁两端安装 2mm 防噪声隔离片或进行打胶处理。横梁在安装过程中，横梁两端的高低应控制在 ±1mm 范围内。同一面标高偏差不大于 3mm。

室内

室内装修完成面（非幕墙工程范围）
1.5mm 热镀锌钢板 + 保温棉填满

铝合金立柱
3-M6x20 不锈钢螺钉
铝合金横梁

70

33.5

24

分格尺寸

密封胶条 & 硅酮密封胶
铝合金通长压板
铝合金外盖板
3mm 厚铝单板 + 保温棉塞满
防水砂浆填缝
收口防水卷材

6+1.52PVB+6(Low-E)+12A+8mm
钢化夹胶中空玻璃

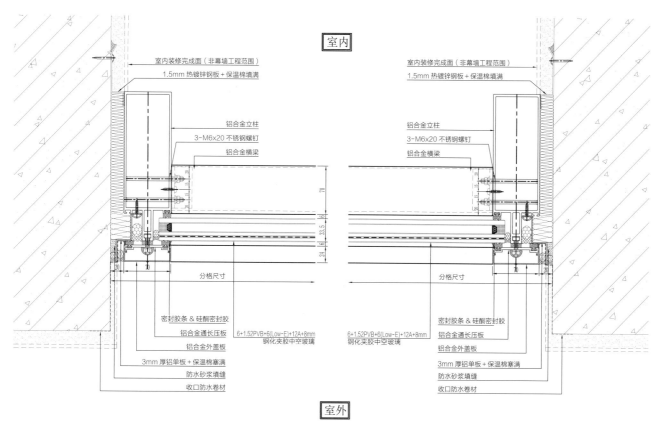

6+1.52PVB+6(Low-E)+12A+8mm
钢化夹胶中空玻璃

室内装修完成面（非幕墙工程范围）
1.5mm 热镀锌钢板 + 保温棉填满

铝合金立柱
3-M6x20 不锈钢螺钉
铝合金横梁

分格尺寸

密封胶条 & 硅酮密封胶
铝合金通长压板
铝合金外盖板
3mm 厚铝单板 + 保温棉塞满
防水砂浆填缝
收口防水卷材

室外

明幕墙安装细部图

4mm 连接镀锌钢套芯 (L=150mm)
与立柱连接部分外包防腐绝缘胶皮

铝合金立柱

250mm×200mm×10mm 板式预埋件

2-M6x100mm 不锈钢螺栓组

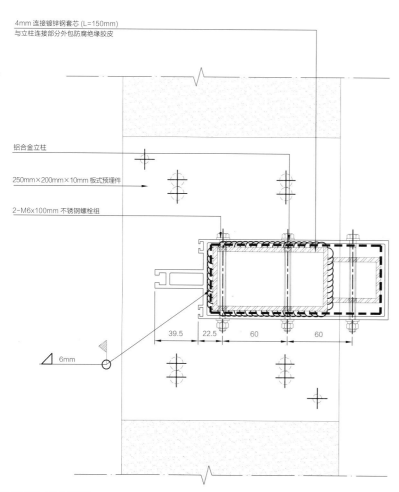

39.5　22.5　60　60

6mm

隐幕横柱安装细部图

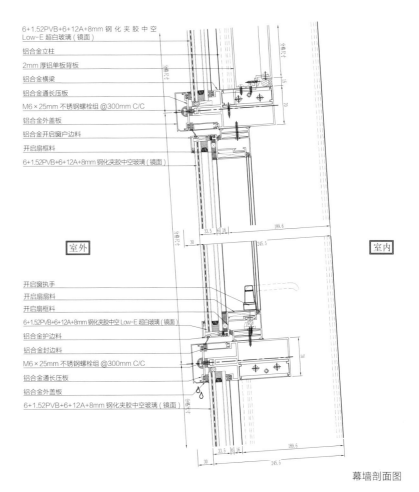

6+1.52PVB+6+12A+8mm 钢化夹胶中空 Low-E 超白玻璃(镜面)
铝合金立柱
2mm 厚铝单板背板
铝合金横梁
铝合金通长压板
M6×25mm 不锈钢螺栓组 @300mm C/C
铝合金外盖板
铝合金开启窗户边料
开启扇框料
6+1.52PVB+6+12A+8mm 钢化夹胶中空 Low-E 超白玻璃(镜面)

室外

室内

开启窗执手
开启扇扇料
开启扇框料
6+1.52PVB+6+12A+8mm 钢化夹胶中空 Low-E 超白玻璃(镜面)
铝合金护边料
铝合金封边料
M6×25mm 不锈钢螺栓组 @300mm C/C
铝合金通长压板
铝合金外盖板
6+1.52PVB+6+12A+8mm 钢化夹胶中空玻璃(镜面)

幕墙剖面图

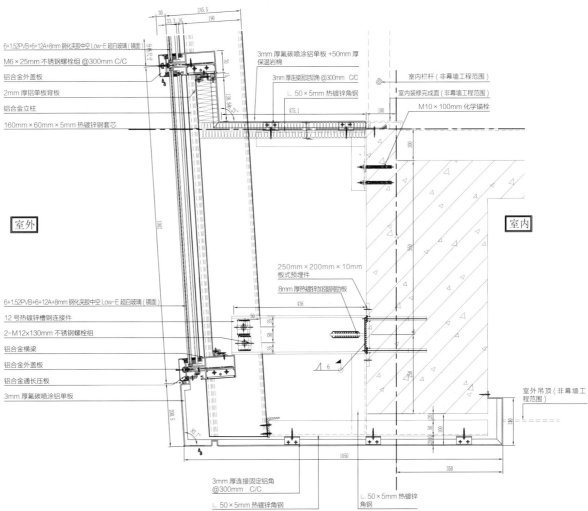

6+1.52PVB+6+12A+8mm 钢化夹胶中空 Low-E 超白玻璃(镜面)
M6×25mm 不锈钢螺栓组 @300mm C/C
铝合金外盖板
2mm 厚铝单板背板
铝合金立柱
160mm×60mm×5mm 热镀锌钢套芯

3mm 厚氟碳喷涂铝单板 +50mm 厚保温岩棉
3mm 厚连接固定铝角 @300mm CC
∟ 50×5mm 热镀锌角钢
M10×100mm 化学锚栓
室内栏杆(非幕墙工程范围)
室内装修完成面(非幕墙工程范围)

室外

室内

250mm×200mm×10mm 板式预埋件
8mm 厚热镀锌加强钢肋板

6+1.52PVB+6+12A+8mm 钢化夹胶中空 Low-E 超白玻璃(镜面)
12 号热镀锌槽钢连接件
2-M12x130mm 不锈钢螺栓组
铝合金横梁
铝合金外盖板
铝合金通长压板
3mm 厚氟碳喷涂铝单板

室外吊顶(非幕墙工程范围)

3mm 厚连接固定铝角 @300mm C/C
∟ 50×5mm 热镀锌角钢
∟ 50×5mm 热镀锌角钢

幕墙安装结构连接细部图

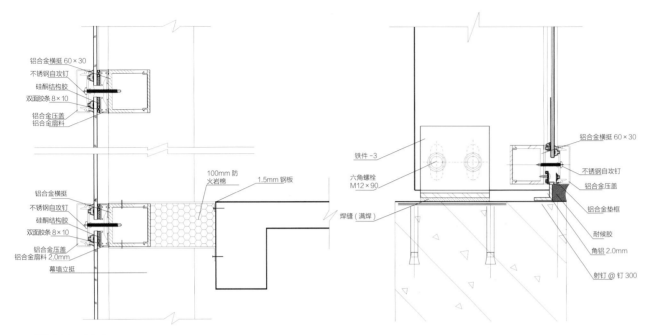

铝合金横挺 60×30
不锈钢自攻钉
硅酮结构胶
双面胶条 8×10
铝合金压盖
铝合金扇料

100mm 防火岩棉
1.5mm 钢板

铝合金横挺
不锈钢自攻钉
硅酮结构胶
双面胶条 8×10
铝合金压盖
铝合金扇料 2.0mm
幕墙立挺

铁件 -3
六角螺栓 M12×90
焊缝（满焊）

铝合金横挺 60×30
不锈钢自攻钉
铝合金压盖
铝合金垫框
耐候胶
角铝 2.0mm
射钉 @ 钉 300

幕墙装饰压条细部

玻璃板块安装

横梁橡胶垫块的安装

安装玻璃板片之前，在横梁上先放上长度不小于 100mm 的氯丁橡胶垫块，放置位置为距边 1/4 *l* 处，垫块长度不小于 100mm,厚度不小于 5mm。每块玻璃的垫块不得少于 2 块。

压板的安装

未装板块之前，先将压板固定在横梁、立柱上，拧到五成紧，压板以不落下为准。待玻璃板块安装后，左右、上下调整，调整完后再将螺栓拧紧。压板的安装应符合设计要求，连接压板与主体部分的螺栓间距不应大于 300mm，螺栓距压板端部的距离不应大于 50mm。隔热垫块根据螺栓数量进行布置。

玻璃安装

压板安装后，进行玻璃板块的安装。将玻璃板块轻轻地搁在横梁上，向左右移动，推入压板内。玻璃板块依据垂直分格钢丝线进行调节，调整好后拧紧螺栓。相邻两单元板高低差控制在小于 1mm，缝宽控制在 ±1mm。玻璃板块依据板片编号图安装，施工过程中不得将不同编号的板块互换。同时注意内外片的关系，防止玻璃安装后产生颜色变异。

装饰条的安装

外装饰条安装前，应利用线锤或全站仪将内压板调整为横平竖直，然后再进行装饰条的安装，装饰条安装应用橡胶锤击打。竖向装饰条应通装，横向装饰条跟分格间留 1mm 空隙。

打胶

板块安装固定完成后，进行打胶工序。在装饰条接缝两侧先贴好保护胶带，按工艺要求进行净化处理，净化后及时打胶，而后刮掉多余的胶，并做适当的修整，拆掉保护胶带及清理胶缝四周，胶缝与基材黏结应牢固无孔隙，胶缝平整光滑，表面清洁无污染。

防雷设置施工

防雷网连接

外幕墙的防雷网连接是将钢骨架按防雷规范要求用 ϕ12mm 镀锌钢筋周围连接，网空面积控制在 100m² 内。防雷钢筋与结构引下钢筋预留接点以焊接连接，以将雷电顺利引入地下，保护建筑物和人们的生命财产的安全。

材料

ϕ12mm 镀锌钢筋或 40mm×5mm 镀锌扁钢。

工艺做法

用 ϕ12mm 镀锌钢筋按纵向每三层一圈进行水平焊接。焊接在防雷连接钢筋通过的所有埋铁上，形成均压环。水平方向按 10m 间距，与结构防雷引下钢筋接点进行焊接。焊接采用双面焊，焊缝长度不小于 100mm。伸缩缝处要按 Ω 形处理均压环钢筋，使之形成整体防雷体系。防雷网焊接完成后要进行系统接地测试，电阻值不大于 4Ω。

中国银行（北京）浩洋大厦北座精装修工程（二标段）

项目地点

北京市西城区宣武门内大街 8 号

工程规模

中行浩洋大厦北座总建筑面积为 43473m²，地上面积为 30358.5m²，地下面积为 13114.5m²，装修面积为 20358.5m²，工程总造价 60594620.36 元

建设单位

中国银行股份有限公司

设计单位

北京市建筑设计研究院有限公司

开竣工时间

2014 年 5 月—2015 年 1 月

获奖情况

荣获 2017 年度北京市建筑装饰工程奖，2018 年度中国建筑装饰工程奖

社会评价及使用效果

浩洋大厦位于西单路口南 200m，西单南大街与长安街的黄金交点处，坐享西单圈由来已久的福运财脉，成就区域内最具时代感的标志代言。大厦总建筑面积 12000m²，纯玻璃幕墙的精致外观，配合建筑结构自身的错落形态，整体效果现代而庄重。项目结合各功能的使用特点，配备了屋顶花园、高端餐饮以及充足的停车位。项目商业部分规划为开发商自营高端百货，20 ~ 125m² 潮流风尚店铺以及国际品牌儿童乐园，办公楼宇突出自然与生态的商务形态。浩洋大厦自投入使用以来，以其崭新前卫的商业形象和热情、周到的服务，赢得了外国友人及业内同行的广泛赞誉，给浩洋大厦的未来发展带来了巨大商机和机遇

中行浩洋大厦北座外景

设计特点

中行浩洋大厦项目是集甲级写字楼、高档商业于一体的建筑综合体，地上局部 13 层，地下 4 层，建筑高度 59.5m。五到十三层为写字楼，建筑面积约 58000m^2；地下一层到地上四层为商业，建筑面积 37000m^2。银行追求稳重的形象，接待的来宾和客户多属高端人群，所以根据使用者的气质来设计。银行、财务及行政和客服等工作，例行性、重复性高而个人积极性低，因此办公室采用开放式，并加强了现代通信设备的运用，使工作更加便捷有效，从服务的角度，体现人性化、舒适性及美观性。

一层大厅

业务洽谈区

餐厅

分功能空间介绍

一层门厅大堂区域

一层门厅大堂，为浩洋大厦西立面临街商铺通向二层商业的主要出入口，其设计风格考虑行业特有的属性，采用了极为简约的手法。在墙面及地面的处理上，运用相同的石材，但采取不同的加工方法，使呈现了不一样的效果，既丰富了超高厅堂的空间层次，也使地面与墙面充分达到了和谐与统一。吊顶运用了连续接驳的规则菱形块，富有变化而又灵动。

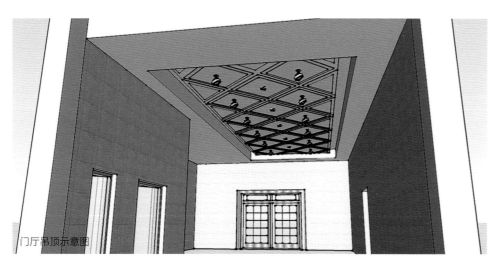

门厅吊顶示意图

门厅吊顶实景

主要材料构成

门厅地面采用 30mm 金色米黄石材，门厅墙面采用 30mm 天然洞石石材，顶棚中心采用 12mm 石膏板。

技术难点、重点及创新点分析

重点、难点技术分析

浩洋大厦的顶棚造型别具一格，顶棚采用多个正方形板块拼接成形的叠级造型，地面大理石板块平面造型采用与顶棚造型相同的正方形。天、地设计遥相呼应的理念，为大堂的中庭设计营造出绚烂多彩、不拘一格的风格。顶棚板块及地面石材板块的加工生产、安装质量是本工程的重点、难点。

解决的方法及措施

顶板由于涉及叠级及多个方形板块的制作，需采用现场实测实量与理论模型相结合的方式进行材料下单及加工。地面板块石材之间的连接通过菱形板块相连，石材的加工，需通过 CAD 精确排版。

施工图纸设计

门厅顶棚第一层采用 1153mm×1153mm 的正方形石膏板板块，第二层采用 973mm×973mm 的正方形石膏板板块，第二层钉固在第一层上，上下两层均采用 12mm 石膏板，两层均同心同向悬吊在空中，非常漂亮壮观。门厅地面采用

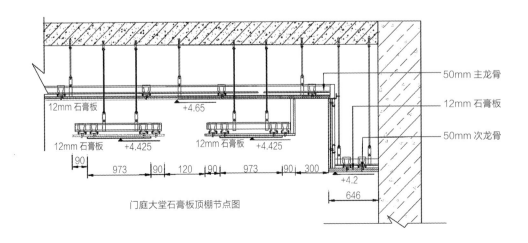

门庭大堂石膏板顶棚节点图

900mm×900mm 米黄色石材与 100mm×900mm 的同颜色同材质的石材相间隔设置，给人以律动的感觉，从外向里望去，一层层、一块块黄色、白色的板块呈波浪状向远处铺开，寓意着你中有我、我中有你的天地合一的理念。

吊顶施工工艺

吊顶施工工艺流程

弹顶棚标高水平线、划龙骨分档线→固定吊挂杆→安装边龙骨→安装主龙骨→安装次龙骨→罩面板安装

弹顶棚标高水平线、划龙骨分档线	轴线、标高线接收及复测：由测量放线小组根据平面控制线及标高控制线，及时进行复测，将测量复核结果形成验线报告并进行反馈。 根据标高线核对图纸，确定出装饰 1000mm 水平线，现场进行放样，并在四周的墙、柱上弹出水平控制线，其允许误差应符合每 3m 两端高差小于 ±1mm，同一条水平线的标高允许误差为 ±3mm。 根据大样图，结合控制轴线及标高线，采用 1153mm 控制框，将顶棚分割线放线在地面上，根据地面顶棚分割放线尺寸，利用红外线水平仪把地面线投射到原有结构顶棚板上，根据红外线投射的顶棚分割线在原结构上弹出墨线。根据顶棚分割板块尺寸，标注顶棚龙骨分档线。主龙骨宜平行房间长向安装，一般从吊顶中心向两边分，根据顶棚排版图，尺寸为 1033mm。如遇到梁和管道固定点大于设计和规程要求，应增加吊杆的固定点。
固定吊挂杆件	采用膨胀螺栓固定吊挂杆件，采用 ϕ 10 成品盘圆钢筋的吊杆，设置反向支撑。吊杆的一端同∟30mm×30mm×3mm，L=50 角钢焊接（角钢的孔径应根据吊杆和膨胀螺栓的直径确定），另一端可以用攻丝套出丝扣，丝扣长度不小于 100mm，也可以买成品丝杆与吊杆焊接。制作好的吊杆应做防锈处理，用膨胀螺栓固定在楼板上，用冲击电锤打孔，孔径应稍大于膨胀螺栓的直径。灯具、风口、检修口等应设附加吊杆，大于 3kg 的重型灯具、电扇及其他重型设备严禁安装在吊顶工程的龙骨上，应另设吊挂件与结构连接。

安装边龙骨	根据顶棚吊顶图纸，边龙骨距地高度为 4.2m，边龙骨应按弹线安装，沿墙（柱）上的边龙骨控制线把 L 型镀锌轻钢条用自攻螺丝固定在预埋木砖上，如为混凝土墙（柱）可以用射钉固定，射钉间距应大于吊顶次龙骨间距。如罩面板是固定的单铝板或铝塑板，可以用密封胶直接收边，也可以加阴角进行修饰。
安装主龙骨	主龙骨应吊挂在吊杆上，主龙骨间距 900 ~ 1200mm，根据现场实际吊顶平面排版尺寸取 1033mm 为吊顶主龙骨间距。主龙骨采用上人 UC60 大龙骨。主龙骨应起拱，起拱高度为房间短跨度的 1/500，主龙骨的悬臂段不应大于 300mm，否则应增加吊杆。主龙骨的接长应采取对接，相邻龙骨的对接接头要相互错开。相邻主龙骨吊挂件正反安装，以保证主龙骨的稳定性，主龙骨挂好后应调平。吊杆如设检修走道，应设独立吊挂系统，检修走道应根据设计要求选用材料。
安装次龙骨	副龙骨采用其相应的吊挂件固定在主龙骨上，50 型副龙骨采用吊挂件挂在主龙骨上，龙骨间距为 300mm，同时在设备四周必须加设次龙骨。
安装横撑龙骨	在两块石膏板接缝的位置安装 50mm 横撑龙骨，间距 1200mm。横撑龙骨垂直于次龙骨方向，采用水平连接件与次龙骨固定。全面校正主、次龙骨的位置及其水平度，连接件错开安装，通长次龙骨连接处的对接错位偏差不超过 2mm，校正后将龙骨的所有吊挂件、连接件拧紧。

门厅大堂地面、顶棚西侧部位实景

门厅大堂地面、顶棚北侧部位实景

门厅大堂东侧部位实景

罩面板安装　　在已装好并经验收合格的龙骨下面，按罩面板的规格1153mm×1153mm、拉缝间隙120mm进行分块弹线，从顶棚中间顺中龙骨方向自门厅方向开始向内安装罩面板，固定罩面板自攻螺钉的间距为150～170mm。固定完第一层面板后，在第一层面板下方安装第二层面板，第二层面板安装顺序同第一层面板，第二层面板在第一层面板下向内回缩90mm。

地面石材工艺

工艺流程

基层处理→找标高弹线→试排砖→刷水泥浆→铺砂浆→铺面层→勾缝、擦缝→养护→贴踢脚板→检查验收

操作工艺

基　层　处　理　　将混凝土基层上的杂物清理干净，用钢丝刷刷掉黏结在基层上的砂浆，如有油脂污染，应用10%火碱刷净并用清水及时冲洗干净。也可采用钢丝圆盘磨石机清理，并清扫干净。

试　拼　排　砖　　在正式铺设前，每一房间的板块应按图案、颜色、纹理试拼，按两个方向编号排列，按编号码放整齐。试排大房间内的两个互相垂直方向，铺设两条厚度不小于3cm的干砂，其宽度大于板块，根据试拼板块编号及施工大样图，结合房间实际尺寸，把板块排好，检查板块之间的缝隙，核对板块与墙面、柱子、洞口等部位的相对位置。

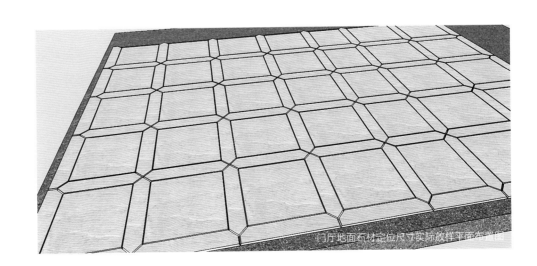

门厅地面石材定位尺寸实际放样平面布置图

弹　　　线	为了检查和控制板块位置，在房间内拉十字控制线，弹在混凝土垫层上，并引至墙面底部，然后依据墙面 +50cm 标高水平线找出面层标高，在墙上弹出面层水平标高线，弹水平线时要注意室内与楼道面层标高要求一致。
刷水泥素浆及铺砂浆结合层	试铺后将干砂和板块移开，清扫干净，用喷壶洒水湿润，刷水泥浆一层（水灰比 0.4 ~ 0.5），不要刷得面积过大，随刷随铺砂浆，根据板面水平线，确定结合层砂浆厚度，拉十字控制线，开始铺结合层干硬性水泥砂浆（一般采用 1：2 ~ 1：3 的干硬性水泥砂浆，干硬程度以手握成团、落地即散为宜），厚度控制在放上板块高出水平线 3 ~ 4mm。铺好后刮平，用抹子拍实找平（铺摊面积不应过大）。
铺　面　层	铺贴前应将板块用水浸湿，擦干或表面晾干方可铺设，根据房间拉的十字控制线，纵横各铺一行，作为大面积铺贴标筋用。铺时应从十字控制线交点开始，先试铺合适，翻开板块，在找平层上抹一层水灰比 0.5 的素水泥浆，然后正式镶铺，安放时应四角同时往下落，用橡皮锤轻击，根据水平线振实、用水平尺找平，铺完第一块后往两侧和后退方向顺序铺砌，铺完纵横行之后有了标准，可分段分区依次铺贴，一般房间宜从里向外铺设，板块与墙角、镶边和靠墙处应紧密砌合，不得有空鼓。当尺寸不足整砖时，非整砖应用于边角处，横向平行于门口的第一排应为整砖，将非整砖排在靠墙位置。纵向垂直门口，应在房间内分中，非整砖对称排放在两墙边处。
擦　缝　修　整	铺完 3 ~ 4 行应随时拉线检查缝格的平直度，超出规定应立即修整，并用橡皮锤拍实，此项工作应在结合层凝结之前进行。
勾　擦　砖　缝	面层铺贴应在 24h 内进行擦缝、勾缝，并用同品种、同标号、同颜色的水泥。勾缝用 1：1 水泥细砂浆勾缝，深度为厚度的 1/3，要求缝内砂浆密实、平整光滑、深浅一致、表面洁净。擦缝，如留缝隙很小时，要求擦缝平直，在铺实修整好的面层上用浆壶往缝里浇水泥浆，再用干水泥撒在缝隙上，用棉纱团擦揉将缝隙擦满，最后将面层水泥浆擦干净。
养　　　护	铺完砖 24h 后进行洒水养护，时间不小于 7d。
打　　　蜡	采用大理石、花岗石面层，水泥砂浆达到强度后方可打蜡，打蜡方法详见水磨石地面面层工艺标准，打蜡后面层应光滑洁亮。
镶贴踢脚板	踢脚板用砖，一般采用与地面块材同品种、同规格、同颜色的材料，踢脚板的立缝宜与地砖缝对齐，铺设时应在房间墙面两端头阴角处各镶贴一块砖（出墙厚度和高度宜为 10 ~ 15mm），以此砖上口为标准挂线，开始铺贴，砖背面朝上抹黏结砂浆，使水泥浆和砂浆粘满整块砖，并及时粘贴在墙上，砖上楞子要跟线立即拍实，随机将挤出的浆刮掉，将面层擦干净（在粘贴前块材要浸水阴干，墙面刷水湿润）。

面层结晶处理

修 补 破 损 及 中 缝 补 胶 （无缝处理）	用电动工具重新切割石材有破损的表面及安装的中缝，使缝隙的宽度差降至最低。采用石材专用胶修补，并使其尽量接近所铺石材颜色。
剪 口 位 打 磨	采用专用剪口研磨片对剪口位进行重点打磨，使其接近石材水平面。
研 磨 抛 光	采用水磨片由粗到细进行研磨，使地面光滑平整、晶粒清晰为宜。
防 护	利用专用的石材养护剂，使其充分渗透到石材内部并形成保护层（阻水层），从而达到防水、防污、防腐及提高石材抗风化能力的目的。
结 晶 处 理	采用有针对性的结晶粉或结晶药剂，在专用设备研磨石材摩擦产生的高温作用下，通过物理和化学综合反应，石材表面结晶排列，形成一层清澈、致密、坚硬的保护层，起到为石材表面加光、加硬的作用，这道程序十分重要，可为今后的保养打好基础。

墙面石材施工

干挂石材施工方案

材料准备及要求

石材订货加工：按照设计确定的石材及石材样品对石材进行翻样、订货加工。必须注意加工的质量，这关系到现场的施工质量。

石材进场检查：石材进场时必须按照设计要求检查饰面石材的规格、品种、颜色、花纹，石材质量必须满足设计要求。检查合格后按照石材排版图对石材进行编号保存备用。

钢骨架：干挂石材使用的钢骨架主要材料有方钢、角钢，按照设计要求规格准备齐全，材质符合设计要求。

其他配件：根据设计要求选择不锈钢挂件、挂件与骨架的固定螺栓（一般直径为 $\phi 8 \sim \phi 12$），运至现场后及时检验、保存。按照现场情况及设计要求准备好膨胀螺栓（一般直径为 $\phi 8 \sim \phi 12$）、填缝胶等辅助性材料。

施工机具准备

主要有冲击钻、手枪钻、云石机、磨光机、活动扳手、水平尺、铝合金靠尺、白线、钢卷尺、铁锤、笤帚、凿子、胶枪、壁纸刀、棉纱、小桶、铁锹、灰盆、钳子等。

施工作业相关条件

结构经验收合格，水电、通风、设备安装等应提前完成，并准备好加工石材的场地、水、电源等。室内设备施工脚手架、吊篮等作业条件，以及运输设备。所有施工完成的窗套、窗抹灰时留出余量，检查各部分节点连接，现场与设计图纸如有出入要及时纠正。对墙面的垂直度、平整度进行检查，需要处理的必须完成后才能进行下道工序。石材要保存好，避免日晒雨淋，在石材下垫木方，并核对数量、规格，为预铺、配花、编号等备用。现场要对每一块石材的质量进行检查和挑选，色差较大的不能用于施工。

施工工序

工艺流程

控制放线→石材排版放线→挑选石材→预排石材→打膨胀螺栓→安装钢骨架→安装调节片→石材开槽→石材固定→打胶→调整→成品保护

施工技术措施

基 层 处 理　墙面基层表面用笤帚清理干净，局部有影响骨架安装的，凸出部分要剔凿干净。饰面基层、构造层的强度、密实度须符合设计规范要求。根据装饰墙面的位置，检查墙体是否有局部剔凿，保证装饰厚度。

石材干挂施工前，必须按照设计标高要求在墙体上弹出 100cm 水平控制线和每层石材标高线，并在墙上做控制桩，拉白线控制墙体水平位置，找房间、墙面的平整度和方正度。根据石材分隔图弹线，确定金属胀管安装位置。

挑 选 石 材　石材进货到现场后必须对其材质、加工质量、花纹、尺寸等进行检查，并将色差较大、缺棱掉角、崩边等有缺陷的石材挑出、更换。

预 排 石 材　将挑选出来的石材按照使用的部位和安装顺序进行编号，并选择较为平整的场地做预排，检查拼接出来的板块是否有色差和满足现场尺寸的要求，完成此项工作后将板材按编号存放好备用。

在墙、柱面按施工图纸尺寸弹出垂直、水平分割线，按照设计的石材排版和骨架要求，确定膨胀螺栓的间距并划好打孔，安装钢板预埋件。

安 装 骨 架 　干 挂 石 材 一 般 采 用 槽 钢 和 角 钢 做 骨 架,用 80mm×40mm 槽 钢 做 主 龙 骨,50mm×50mm 角 钢 做 次 龙 骨 形 成 骨 架 网 或 者 角 钢 做 骨 架,局 部 可 以 直 接 采 用 挂 件 与 墙 体 连 接。骨 架 安 装 之 前 按 照 设 计 和 排 版 要 求 的 尺 寸 下 料,用 台 钻 打 好 骨 架 的 安 装 孔 并 刷 防 锈 漆,完 成 上 述 处 理 后 按 照 墙 面 上 的 控 制 线,用 Φ12 膨 胀 螺 栓 固 定 预 埋 钢 板,焊 接 骨 架 与 钢 板,一 般 要 求 满 焊,除 去 焊 渣 补 刷 防 锈 漆。安 装 骨 架 注 意 其 垂 直 度 和 平 整 度,并 拉 线 控 制 使 墙 面 或 房 间 方 正。

安装调节片 　调 节 片 安 装 是 依 据 石 材 的 板 块 规 格 确 定 的,调 节 挂 件 采 用 不 锈 钢 制 成,分 为 40mm×3mm 和 50mm×5mm,按 照 设 计 要 求 进 行 加 工。用 螺 丝 与 骨 架 连 接,注 意 调 节 挂 件 一 定 要 加 弹 簧 压 垫 子 安 装 牢 固。

石 材 开 槽 　安 装 石 材 前 用 云 石 机 在 石 材 的 侧 面 开 槽,开 槽 深 度 依 照 挂 件 的 尺 寸 进 行,一 般 要 求 不 小 于 6mm 并 且 在 板 材 后 侧 边 中 心,为 了 保 证 开 槽 不 崩 边,开 槽 距 边 缘 距 离 为 1/3 边 长 且 不 小 于 50mm,而 后 将 槽 内 的 石 灰 清 理 干 净,以 保 证 灌 胶 黏 结 牢 固。

石 材 安 装 　石 材 模 数 按 现 场 情 况 异 型 加 工,独 立 柱 为 两 个 半 圆,墙 面 为 1200mm×600mm×25mm。石 材 安 装 从 底 层 开 始,吊 好 垂 直 线,然 后 依 次 向 上 安 装。必 须 对 石 材 的 材 质、颜 色、纹 路、加 工 尺 寸 进 行 检 查,按 照 石 材 编 号 将 石 材 轻 放 在 挂 件 上,按 线 就 位 后 调 整 至 准 确 位 置,并 立 即 清 孔,槽 内 注 入 耐 候 胶,要 求 锚 固 胶 保 证 有 4～8h 的 凝 固 时 间,以 避 免 过 早 凝 固 而 脆 裂、过 慢 凝 固 而 松 动,校 正 板 材 的 垂 直 度、平 整 度 拉 线 后 扳 紧 螺 栓。安 装 时 注 意 各 种 石 材 的 交 接 和 接 口,保 证 石 材 安 装 交 圈。

打胶或勾缝 　对 于 要 求 密 缝 的 石 材 拼 接 不 用 打 胶。设 计 要 求 留 缝 的 墙 面,需 要 在 缝 内 填 入 泡 沫 条 后 用 有 颜 色 的 大 理 石 胶 打 入 缝 隙 内。为 了 保 证 打 胶 的 质 量,用 事 先 准 备 好 的 泡 沫 条 塞 入 石 材 缝 隙,预 留 好 打 胶 尺 寸,既 不 要 太 深,也 不 要 太 浅,要 求 密 实。在 石 材 的 边 缘 贴 上 胶 带 纸 然 后 打 胶,一 般 要 求 打 胶 深 度 为 6～10mm,保 证 雨 水 不 能 进 入 骨 架 内 即 可。待 完 成 后 轻 轻 将 胶 带 纸 撕 掉,使 打 胶 边 成 一 条 直 线。用 有 颜 色 的 云 石 胶 加 吹 干 剂 调 和,与 石 材 颜 色 近 似 再 勾 缝,吹 干 剂 不 宜 过 多。

清 　 　 理 　勾 缝 或 打 胶 完 毕 后,用 棉 纱 等 物 清 理 石 材 表 面,干 挂 也 须 待 胶 凝 固 后,再 用 壁 纸 刀、棉 纱 等 物 清 理 石 材 表 面。需 要 打 蜡 的 一 般 应 按 照 使 用 蜡 的 操 作 方 法 进 行,原 则 上 应 烫 硬 蜡、擦 软 蜡,要 求 均 匀 不 露 底 色、色 泽 一 致、表 面 整 洁。

电梯厅

休息区

大餐厅

工艺品

图书在版编目（CIP）数据

建峰装饰精品/中国建筑装饰协会组织编写；建峰建设集团股份有限公司编著．—北京：中国建筑工业出版社，2020.5

（中华人民共和国成立70周年建筑装饰行业献礼）

ISBN 978-7-112-24881-0

I.①建…　II.①中…　②建…　III.①建筑装饰－建筑设计－案例－中国　IV.①TU238

中国版本图书馆CIP数据核字（2020）第030172号

责任编辑：王延兵　郑淮兵　王晓迪
责任校对：李美娜

中华人民共和国成立70周年建筑装饰行业献礼
建峰装饰精品
中国建筑装饰协会　组织编写
建峰建设集团股份有限公司　编著
　*
中国建筑工业出版社出版、发行（北京海淀三里河路9号）
各地新华书店、建筑书店经销
北京方舟正佳图文设计有限公司制版
北京雅昌艺术印刷有限公司印刷
　*
开本：965毫米×1270毫米　1/16　印张：13¾　字数：336千字
2021年1月第一版　2021年1月第一次印刷
定价：**200.00**元
ISBN 978-7-112-24881-0
　　　（35625）

版权所有　翻印必究
如有印装质量问题，可寄本社图书出版中心退换
（邮政编码100037）